泛函分析简明教程

吴昭景　吴春雪　编

科学出版社

北　京

内 容 简 介

本书共 4 章. 第 1 章为度量空间, 讲解度量空间的拓扑结构、度量空间中集合的性质、完备的度量空间. 第 2 章为赋范线性空间, 包括赋范线性空间的结构、有界线性算子与泛函、泛函延拓定理、有限维赋范线性空间. 第 3 章为 Hilbert 空间理论, 首先讲解内积空间的构造和标准正交基, 然后是 Hilbert 空间的主要定理, 最后是 Hilbert 空间上的主要算子. 第 4 章为 Banach 空间理论, 包括共轭空间与 Banach 共轭算子、Banach 空间上的基本定理、弱收敛和弱列紧以及 Banach 空间有界算子的谱. 本书坚持“强化基础, 由浅入深, 深而不难, 繁而不乱”的思想理念, 设计了丰富的图示, 图文并茂, 直观展示泛函分析相关知识.

本书可以作为数学类专业泛函分析的本科教材, 也可作为高等学校数学类专业及其他相近专业研究生的参考书.

图书在版编目(CIP)数据

泛函分析简明教程/吴昭景, 吴春雪编. —北京: 科学出版社, 2022.10
ISBN 978-7-03-073442-6

Ⅰ. ①泛…　Ⅱ. ①吴… ②吴…　Ⅲ. ①泛函分析-教材　Ⅳ. ①O177

中国版本图书馆 CIP 数据核字（2022）第 189913 号

责任编辑: 张中兴　王　静　孙翠勤 / 责任校对: 杨聪敏
责任印制: 张　伟 / 封面设计: 陈　敬

科学出版社 出版
北京东黄城根北街 16 号
邮政编码: 100717
http://www.sciencep.com
北京虎彩文化传播有限公司 印刷
科学出版社发行　各地新华书店经销
*
2022 年 10 月第　一　版　开本: 720 × 1000　1/16
2023 年 9 月第三次印刷　印张: 7 1/2
字数: 151 000
定价: 29.00 元
(如有印装质量问题, 我社负责调换)

前 言

本书是学习泛函分析的入门教程. 泛函分析 (functional analysis) 是现代数学的一个分支, 隶属于分析学, 其研究的主要对象是泛函 (或更广泛的算子) 及其所属的空间. 泛函表示作用于函数的函数, 如积分算子 T

$$T(f)=\int_{-\infty}^{\infty} f(t)dt, \quad f\in L_2$$

泛函分析是 20 世纪 30 年代形成的数学学科, 是从变分问题、积分方程和理论物理的研究中发展起来的. 它综合运用函数论、几何和代数的观点, 现代数学的工具来研究**无限维向量空间**上的泛函、算子和极限理论. 它可以看作**无限维向量空间**的解析几何及数学分析.

泛函分析一方面以其他众多学科所提供的素材来提取自己研究的对象和某些研究手段, 并形成了自己的许多重要分支, 例如算子谱理论、Banach 代数、拓扑线性空间理论、广义函数论等等; 另一方面, 它也强有力地推动着其他不少分析学科的发展, 它在微分方程、概率论、函数论、连续介质力学、量子物理、计算数学、控制论、最优化理论等学科中都有重要的应用, 还是建立群上调和分析理论的基本工具, 也是研究无限个自由度物理系统的重要而自然的工具之一. 可以说, 泛函分析已经渗透到数学内部的各个分支中去并起着重要的作用. 为了更好地理解泛函分析的重要性, 我们举例说明.

(1) 泛函分析不但把古典分析的基本概念和方法一般化了, 而且还把这些概念和方法几何化了. 比如, 不同类型的函数可以看作是“函数空间”的点或向量, 这样最后得到了“抽象空间”这个一般的概念, 它既有几何对象, 也有函数空间. 古典分析中的基本方法, 比如用线性的对象去逼近非线性的对象, 完全可以运用到泛函分析这门学科中.

(2) 泛函分析对于研究现代物理学是一个有力的工具. 一般来说, 从质点力学过渡到连续介质力学, 就要由有穷自由度系统过渡到无穷自由度系统. 现代物理学中的量子场理论就属于无穷自由度系统. 正如研究有穷自由度系统要求 n 维空间的几何学和微积分学作为工具一样, 研究无穷自由度的系统需要无穷维空间的几何学和分析学, 这正是泛函分析的基本内容. 因此, 泛函分析也可以通俗地叫做无穷维空间的几何学和微积分学.

(3) 泛函分析在工程技术方面获得了非常有效的应用, 它的观点和方法已经渗入不少工程技术性的学科之中. 关于广义函数的研究构成了泛函分析中有着广泛工程应用的一个重要分支, 广义函数被广泛地应用于与电力、电子、力学、信号相关的工程技术中.

本书旨在确保不减少泛函分析的核心内容的前提下, 适当精简内容, 适合 48 课时的本科教学. 以第 1、2 章的度量空间和赋范线性空间为基础, 第 3、4 章 Hilbert 空间理论和 Banach 空间理论为核心内容的安排加强基础, 突出重点, 强化系统性. 书末附有常用空间结构的演化图、理论体系图和复习提纲, 为读者系统掌握全书的结构提供便利. 可以利用 48 课时全面且深刻地讲授泛函分析的基础和核心内容. 第 1、2 章的度量空间和赋范线性空间基础部分 24 课时, 第 3 章 Hilbert 空间理论 10 课时, 第 4 章 Banach 空间理论 14 课时. 其中度量空间的完备化和 Banach 空间上有界线性算子的谱可以作为选学内容.

最后, 有必要向读者说明的是, 除了以上所列知识外, 本书还有以下设计意图. 即通过加强基础部分的形象化教学, 降低入门难度, 加强全书系统性和内在逻辑性, 使之更适合普通本科生学习和掌握泛函分析的重要内容. 以集合论、逻辑学和分析学的互通规则揭示数学思维的底层运行模式. 通过闭包的 4 个等价性定义贯通拓扑的推理化繁为简, 通过将度量空间中集合的性质归纳为蕴含、交叉和遗传关系, 并配上这些性质的简图, 便于记忆度量空间中的 16 个定理及其大量的推论, 这些图的有机变换贯穿了全书. 沿拓扑空间、度量空间、线性赋范空间, 到 Hilbert 空间和 Banach 空间, 逐层深入, 形成了清晰的结构体系. 利用合理安排的目录、空间结构图、理论体系图和复习提纲对全书进行了全面而系统的归纳.

作　者

2022 年 2 月

目　录

第 1 章　度量空间

从集合论角度, 利用运算封闭性将集合规定为空间, 如向量空间就是关于线性组合封闭的集合. 从分析学角度, 通过规定集合元素之间的比较关系, 将原集合赋予空间结构, 如在 $\mathbb{R}^3$ 中规定了欧氏距离就可以得到欧氏空间. 因此可以认为数学中的空间就是规定了运算封闭性和比较关系的集合. 有了空间的概念之后, 我们还要研究空间与空间之间的关系, 由此给出算子 (或泛函) 的定义. 所以泛函分析以各种空间结构和空间之间的算子性质为研究对象.

将欧氏空间中的距离抽象为一般距离, 欧氏空间就抽象为度量空间, 度量空间保留了欧氏空间中由距离推导出的许多性质. 而将度量空间中的大部分性质直接抽象, 使之不依赖于距离概念, 就得到 "更纯粹" 的拓扑空间.

1.1　度量空间的拓扑结构

1.1.1　拓扑空间

在本书的各种定义、命题和证明中经常用到集合论、逻辑学以及分析学的对应关系 (见表 1.1).

表 1.1　集合论、逻辑学与分析学

集合论	逻辑学	分析学
集合 A	事件 A	描述 $\omega \in A$
交:$\bigcap_i A_i$	与:$\bigwedge_i A_i$	$\forall i,\ \omega \in A_i$
并:$\bigcup_i A_i$	或:$\bigvee_i A_i$	$\exists i,\ \omega \in A_i$
补:A^C	非:$\neg A$	$\omega \notin A$
全集 Ω	必然事件 Ω	无约束
空集 $\varnothing$	不可能事件 $\varnothing$	矛盾
含于:$A \subset B$	蕴含:$A \Rightarrow B$	$\forall \omega \in A \Rightarrow \omega \in B$

定义 1.1　设 X 是一非空集合, X 的一个子集族 $\mathcal{T}$ 称为 X 的一个拓扑, 如果它满足下面三个条件:

(1) $X \in \mathcal{T}, \varnothing \in \mathcal{T}$;

(2) 对任意实数集 $\Lambda, \forall A_t \in \mathcal{T}, t \in \Lambda \Rightarrow \bigcup_{t\in\Lambda} A_t \in \mathcal{T}$;

(3) 对任意自然数 $n, \forall A_i \in \mathcal{T}, 1 \leqslant i \leqslant n \Rightarrow \bigcap_{i=1}^{n} A_i \in \mathcal{T}$.

称 $(X, \mathcal{T})$ 为一个拓扑空间, 而 $\mathcal{T}$ 的任意成员为这个拓扑空间的开集. 开集 U 叫做它的每一点 $x \in U$ 的 (开) 邻域.

X 中的子集 F 称为**闭集**, 如果存在 $E \in \mathcal{T}$ 使得 $F = E^C$.

设集合 $E \subset X$, 点 $x_0 \in X$ 称为 E 的**内点**, 如果存在 x_0 的某邻域 $U(x_0)$ 使得 $U(x_0) \subset E$. 由 E 的内点组成的集合称为 E 的**内部**, 记为 E°. 称 E^C 的内点为 E 的**外点**, 而 E 的所有外点组成 E 的**外部**. 既非内点, 也非外点的 X 中的点为 E 的**边界点**, 由 E 的边界点组成的集合称为 E 的**边界**, 记为 ∂E.

如果 x_0 的任一邻域内都含有无穷个点属于 E(或者说 x_0 的任一邻域都含有异于 x_0 的 E 中的点), 则称 x_0 为 E 的一个**聚点**, 由 E 的聚点组成的集合称为**导集**, 记为 E'. 如果 $x_0 \in E$ 但不是聚点, 则称 x_0 为 E 的**孤立点**. 称 $\bar{E} = E \cup E'$ 为 E 的**闭包**, 而 $\bar{E}$ 中的点称为 E 的**接触点**. 这时 $\bar{E}$ 中的每一个点 x_0 可由 E 中的点来接触 (也就是, 点 x_0 的任意邻域内都含有 E 中的点). 借助于图 1.1, 可验证闭包的等价性定义

$$\bar{E} = E \cup E' = E \cup \partial E = E^\circ \cup \partial E = E' \cup \{\text{孤立点}\}$$

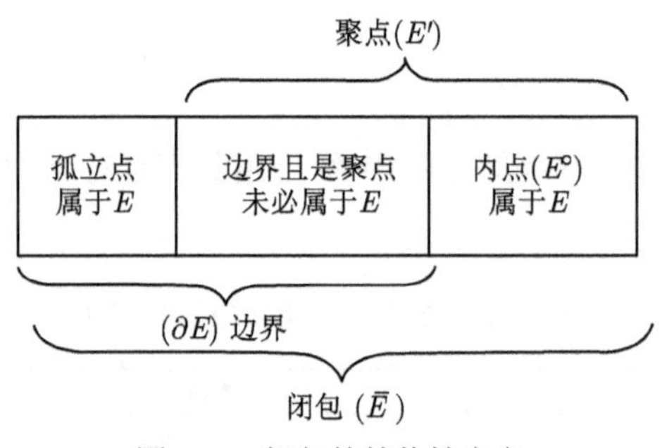

图 1.1　闭包的等价性定义

X 的子集 E 称为**稠密**子集, 若 $X = \bar{E}$. 如果空间 X 有一个可数的稠密子集, 则称 X **可分**. 集合 $\Sigma = \bigcup_{l \in I} G_l$, 其中 $\{G_l\}$ 是 X 的开集族, 若 $E \subset \Sigma$, 则称 Σ 是 E 的一个**开覆盖**. 如果 E 的任意开覆盖都包含 E 的有限开覆盖, 就称 E 是**紧致集** (紧集).

E 为 $\mathcal{T}$ 中的开集, $\forall x \in E$, E 是 x 的邻域且属于 E, 所以 x 是 E 的内点, 即 $x \in E^\circ$, 这表明 $E \subset E^\circ$(也就是 $E = E^\circ$). 若 E 是闭集, 则 E^C 是开集, 因而 E^C 不含边界, $\partial E^C = \partial E$, 因而 $\partial E \subset E$, 即 $\bar{E} = E$(也就是 $E' \subset E$).

给定 X 到 Y 上的对应法则 f, 并考虑 X 的某子集 M, 如果对任意的 $x \in M$, 存在唯一的 $y \in Y$ 与 x 对应, 则称 f 是 M 上的映射, 并记作 $f : M \mapsto Y$, 或

$y = f(x),\quad x \in M$. 映射由法则 f 和 M 确定, M 称为定义域, 集合 $f(M) = \{f(x) : x \in M\}$ 称为值域.

令 N 为 Y 的子集, 称映射 $f : M \to N$ 为 M 到 N 的

(1) 满射, 如果 $N \subset f(M)$;

(2) 单射, 如果 $x_1 \neq x_2$ 必有 $f(x_1) \neq f(x_2)$;

(3) 一一映射, 如果 f 既是单射又是满射.

或者说, 称映射 $f : M \to N$ 为 M 到 N 的

(1') 满射, 如果 $\forall y \in N$, 至少存在一个 $x \in M$(即, $\exists x \in M$) 满足 $y = f(x)$;

(2') 单射, 如果 $\forall y \in N$, 至多存在一个 $x \in M$ 满足 $y = f(x)$;

(3') 一一映射, 如果 $\forall y \in N$, 存在唯一的 $x \in M$ 满足 $y = f(x)$.

开集及其衍生的概念称为拓扑概念 (见图 1.2), 由拓扑概念描述的性质称为拓扑性质. 在拓扑空间中, 我们一般不用点序列的收敛和极限的概念 (即便在某些场合引入这些概念, 在拓扑空间中也失去了基本的作用), 拓扑空间中映射的连续性不依赖于极限的概念.

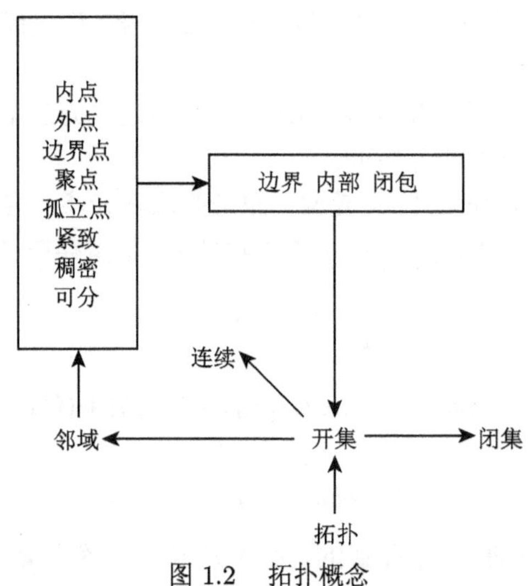

图 1.2 拓扑概念

定义 1.2 $T : X \to Y$ 是拓扑空间 $(X, \mathcal{T})$ 到 $(Y, \mathcal{S})$ 的映射. 称 T 在 $(X, \mathcal{T})$ 上连续, 若 Y 中每个开集的原像是开集, 也就是, $\forall B \in \mathcal{S}$, 都有 $T^{-1}B \in \mathcal{T}$, 即 $T^{-1}\mathcal{S} \subset \mathcal{T}$.

定义 1.3 如果 $f : X \to Y$ 是一一对应的, 并且 f 和 f^{-1} 都是连续的, 则称 f 是一个同胚映射. 当存在 X 到 Y 的同胚映射时, 就称 X 与 Y 同胚.

拓扑性质在同胚变换下具有不变性.

1.1.2　度量空间

定义 1.4　设 X 是一非空集合. X 上的双变量函数 $\rho(x,y)$, 对任意的 $x,y,z\in X$, 满足下面三个条件 (公设).

(1) 正定性: $\rho(x,y)\geqslant 0$, 且 $\rho(x,y)=0\Leftrightarrow x=y$;

(2) 对称性: $\rho(x,y)=\rho(y,x)$;

(3) 三角不等式: $\rho(x,z)\leqslant\rho(x,y)+\rho(y,z)$,

则称 ρ 是 X 上的一个度量 (距离). X 或 (X,ρ) 为度量 (距离) 空间.

我们的讨论从定义邻域开始. 称

$$U(x_0,\delta)=\{x:\rho(x_0,x)<\delta\}$$

为以 x_0 为中心、δ 为半径的 (开) 邻域, 有时简记为 $U(x_0)$.

在度量空间中, 借助于邻域的概念, 子集 E 的内点、外点、边界点、聚点、接触点、孤立点、紧致、稠密、可分等概念都可仿拓扑空间中的同名概念得到, 同时采用相同的记号: 内部 E°、外部 $(E^C)^\circ$、边界 ∂E、导集 E'、闭包 $\bar{E}$ 等.

称 E 是**开集**, 如果 $E\subset E^\circ$(也就是 $E=E^\circ$). 称 E 是**闭集**, 如果 $E'\subset E$(也就是 $\bar{E}=E$).

度量空间 (X,ρ) 上的开集族 $\mathcal{T}$ 满足拓扑空间定义的三个性质, 所以每一个度量空间连同其开集族都是拓扑空间.

注 1.1　有别于拓扑空间, 度量空间中的邻域与开集的定义不同.

度量空间 (X,ρ) 中的点列 $\{x_n\}$ 称为收敛列, 是指存在 X 中的点 x 使得

$$\lim_{n\to\infty}\rho(x_n,x)=0$$

记作 $x_n\to x$ 或 $\lim_{n\to\infty}x_n=x$. 点列 $\{x_n\}$ 称为柯西 (Cauchy) 列 (基本列), 是指当 $n,m\to\infty$ 时,

$$\rho(x_n,x_m)\to 0$$

度量空间 (X,ρ) 的子集 E 是**完备的**, 如果 E 中的每个基本列都是收敛列. 如果 E 中的任意点列在 X 中有一个收敛子列, 称 E 是**列紧集**. 如果这个收敛子列还收敛到 E 中的点, 则称 E 是**自列紧集**. 对全集而言, 列紧就是自列紧.

设 E 是度量空间 (X,ρ) 的一个子集, 若存在 $x_0\in X$ 和 $r>0$ 使得 $E\subset U(x_0,r)$, 则称 E 是**有界集**.

$T:X\to Y$ 是度量空间 (X,ρ) 到 (Y,d) 的映射.

定义 1.5　给定 $x_0\in X$. 设 $\forall\varepsilon>0$, 存在 $\delta=\delta(x_0,\varepsilon)>0$ 使得对任意的 $x\in X$ 有

$$\rho(x,x_0)<\delta\Longrightarrow d(T(x),T(x_0))<\varepsilon \tag{1.1}$$

则称映射 T 在 x_0 点连续. 如果映射 T 在每一点处都连续, 则称 T 在 (X,ρ) 上连续.

注 1.2 (1.1)等价于 $U(x_0,\delta)\subset T^{-1}(U(Tx_0,\varepsilon))$.

定理 1.1 给定度量空间 (X,ρ) 到 (Y,d) 的映射 $T:X\to Y$, 则下列结论等价:

(1) T 在 X 上 (的任意一点) 连续;

(2) 对包含 $T(x)$ 的每个邻域 V, 必存在包含 x 的邻域 U, 使得 $U\subset T^{-1}V$;

(3) Y 中每个开集的原像是开集;

(4) 对任意的 $x_0\in X$ 和任意的 $\{x_n\}\subset X$, 有

$$\lim_{n\to\infty}\rho(x_n,x_0)=0 \Longrightarrow \lim_{n\to\infty}d(T(x_n),T(x_0))=0 \tag{1.2}$$

证明 (1)⇒(2). 由(1.1)知

$$x\in U(x_0,\delta)\Rightarrow T(x)\in V(T(x_0),\varepsilon)$$

因此

$$x\in U(x_0,\delta)\Rightarrow x\in T^{-1}(V(T(x_0),\varepsilon))$$

也就是 (2) 成立.

(2)⇒(3). 任取 Y 中开集 V, 不妨设 $T^{-1}V$ 非空, 任给 $x_0\in T^{-1}V$, 则有 $T(x_0)\in V$, 由于 V 是开集, 存在 $T(x_0)$ 的邻域 $V_1\subset V$, 所以存在 x_0 的邻域 $U\subset T^{-1}V_1\subset T^{-1}V$, 这说明 $T^{-1}V$ 是开集.

(3)⇒(4). 对任意的 n, $T^{-1}V\left(T(x_0),\dfrac{1}{n}\right)$ 都是开集, 存在 $U(x_0,\delta_n)\subset T^{-1}V\left(T(x_0),\dfrac{1}{n}\right)$, 其中 $\lim_{n\to\infty}\delta_n=0$. 取 x_n 使得

$$x_n\in U(x_0,\delta_n)\Rightarrow T(x_n)\in V\left(T(x_0),\frac{1}{n}\right)$$

也就是(1.2)成立.

(4)⇒(1). 假设(1.1) 在 x_0 不真, 于是存在 $\varepsilon>0$, 对 $\forall n\in\mathbb{N}$, 存在 $x_n\in X$, $\rho(x_n,x_0)<\dfrac{1}{n}$, 但 $d(T(x_n),T(x_0))\geqslant\varepsilon$, 即得虽有 $\lim_{n\to\infty}\rho(x_n,x_0)=0$, 但 $\lim_{n\to\infty}d(T(x_n),T(x_0))\neq 0$, 这与(1.2)矛盾. □

例 1.1 ($l^p(1\leqslant p<\infty)$ 空间) 设满足条件

$$\left|\sum_{j=1}^{\infty}|x_j|^p\right|^{\frac{1}{p}}<\infty,\quad 1\leqslant p<\infty$$

的 $x=\{x_j\}$ 的全体为 X, 定义

$$\rho(x,y)=\left|\sum_{j=1}^{\infty}|x_j-y_j|^p\right|^{\frac{1}{p}},\quad 1\leqslant p<\infty$$

易见 $\rho(x,y)$ 满足距离公设 (1) 和 (2), 利用 Minkowski 不等式:

$$\left(\sum_{j=1}^{\infty}|x_j+y_j|^p\right)^{\frac{1}{p}}\leqslant\left(\sum_{j=1}^{\infty}|x_j|^p\right)^{\frac{1}{p}}+\left(\sum_{j=1}^{\infty}|y_j|^p\right)^{\frac{1}{p}} \tag{1.3}$$

可见它也满足距离公设 (3), 所以 $\rho(\cdot,\cdot)$ 是 X 上的距离. 因此 (X,ρ) 是度量空间, 称为 l^p 空间.

例 1.2 (l^{∞} 空间) 记满足条件

$$\sup_{j\geqslant 1}|x_j|<\infty$$

的 $x=\{x_j\}$ 的全体为 X. 定义

$$\rho(x,y)=\sup_{j\geqslant 1}|x_j-y_j|$$

设 $x=\{x_j\},y=\{y_j\}$ 属于 X. 基于不等式

$$\sup_{j\geqslant 1}|x_j+y_j|\leqslant\sup_{j\geqslant 1}|x_j|+\sup_{j\geqslant 1}|y_j|$$

易证 $\rho(\cdot,\cdot)$ 满足距离定义, 因此 (X,ρ) 是度量空间, 称为 l^{∞} 空间.

例 1.3 ($L^p[a,b](1\leqslant p<\infty)$ 空间) 设满足条件

$$\left|\int_a^b|x(t)|^p dt\right|^{\frac{1}{p}}<\infty,\quad 1\leqslant p<\infty$$

的区间 $[a,b]$ 上的可测函数 $x(t)$ 的全体为 X. X 中两个元 $x=x(t),y=y(t)$ 看作是相等的, 如果 $x(t)=y(t)$, a.e.. 定义

$$\rho(x,y)=\left|\int_a^b|x(t)-y(t)|^p dt\right|^{\frac{1}{p}},\quad 1\leqslant p<\infty$$

显然它满足距离公设 (1) 和 (2). 由 Minkowski 不等式: 如果 $p\geqslant 1,x,y\in L^p[a,b]$, 有

$$\left\{\int_a^b |x(t)+y(t)|^p dt\right\}^{\frac{1}{p}} \leqslant \left(\int_a^b |x(t)|^p dt\right)^{\frac{1}{p}} + \left(\int_0^1 |y(t)|^p dt\right)^{\frac{1}{p}}$$

可见距离公设 (3) 成立, 所以 ρ 是 X 上的距离, 因此 (X,ρ) 是度量空间, 称为 $L^p[a,b]$ 空间.

例 1.4 ($L^\infty[a,b]$ 空间) 记满足条件

$$\operatorname*{ess\,sup}_{t\in[a,b]} x(t) = \inf_{m(E)=0}\left\{\sup_{t\in[a,b]\backslash E}|x(t)|\right\} < \infty$$

的区间 $[a,b]$ 上的可测函数 $x(t)$ 的全体为 X. X 中两个元 $x=x(t), y=y(t)$ 看作是相等的, 如果 $x(t)=y(t)$, a.e.. 定义

$$\rho(x,y) = \operatorname*{ess\,sup}_{t\in[a,b]}|x(t)-y(t)|$$

我们来验证 $\rho(x,y)$ 满足距离公设. 先证公设 (1), 显然 $\rho(x,y)\geqslant 0$. 如果 $x(t)=y(t)$, a.e., 则由定义有 $\rho(x,y)=0$. 另一方面, 如果

$$\rho(x,y) = \inf_{m(E)=0}\left\{\sup_{t\in[a,b]\backslash E}|x(t)-y(t)|\right\} = 0$$

则对每个自然数 n, 存在 $E_n \subset [a,b]$, $m(E_n)=0$, 且

$$\sup_{t\in[a,b]\backslash E_n}|x(t)-y(t)| < \frac{1}{n}$$

令 $E=\bigcup_{n=1}^\infty E_n$, 则 $m(E)=0$, 而且令 $n\to\infty$, 可见

$$\sup_{t\in[a,b]\backslash E}|x(t)-y(t)| = 0$$

于是 $x(t)=y(t)$, a.e., 即 $x=y$. 公设 (2) 是显然的, 下证公设 (3). 设 $x(t),y(t),z(t)$ 都是 X 中元, 则对任意 $\varepsilon>0$, 存在 $[a,b]$ 的零测度集 $E_\varepsilon^1, E_\varepsilon^2$, 使

$$\sup_{t\in[a,b]\backslash E_\varepsilon^1}|x(t)-y(t)| \leqslant \rho(x,y)+\frac{\varepsilon}{2}$$
$$\sup_{t\in[a,b]\backslash E_\varepsilon^2}|y(t)-z(t)| \leqslant \rho(y,z)+\frac{\varepsilon}{2}$$

令 $E_\varepsilon = E_\varepsilon^1 \cup E_\varepsilon^2$, 则 E_ε 仍是 $[a,b]$ 上的零测度集. 且

$$\sup_{t\in[a,b]\backslash E_\varepsilon}|x(t)-z(t)|$$

$$\leqslant \sup_{t\in[a,b]\setminus E_\varepsilon}|x(t)-y(t)|+\sup_{t\in[a,b]\setminus E_\varepsilon}|y(t)-z(t)|$$

$$\leqslant \rho(x,y)+\rho(y,z)+\varepsilon$$

从而

$$\rho(x,z)=\inf_{m(E)=0}\left\{\sup_{t\in[a,b]\setminus E}|x(t)-z(t)|\right\}$$

$$\leqslant \rho(x,y)+\rho(y,z)+\varepsilon$$

由于 ε 是任意的, 故

$$\rho(x,z)\leqslant \rho(x,y)+\rho(y,z)$$

总之, $\rho(\cdot,\cdot)$ 是一个距离. 因此 (X,ρ) 是度量空间, 称为 $L^\infty[a,b]$ 空间.

例 1.5 由所有的定义在 $[a,b]$ 上的具有 n 阶连续导函数的函数的全体组成的集合记作 $C^n[a,b]$, 定义

$$d(f,g)=\max_{t\in[a,b],0\leqslant k\leqslant n}\{|f^{(k)}(t)-g^{(k)}(t)|\}$$

易知距离公设 (1) 和 (2) 成立, 对于任意的 $f,g,h\in C^n[a,b]$, $t\in[a,b]$, 总有

$$|f-h|\leqslant|f-g|+|g-h|\leqslant d(f,g)+d(g,h)$$

所以

$$d(f,h)\leqslant d(f,g)+d(g,h)$$

距离公设 (3) 成立, 则 $(C^p[a,b],d)$ 是度量空间, 特别地记 $C^0[a,b]=C[a,b]$.

度量空间的概念见图 1.3.

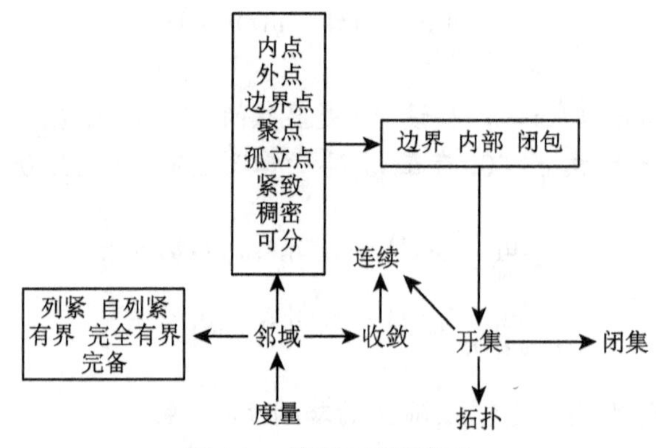

图 1.3 度量空间的概念

习 题 1.1

1.1.1. 在 $\mathbb{R}^n$ 上, $\forall x,y\in\mathbb{R}^n$, 令 $x=(\xi_1,\xi_2,\cdots,\xi_n)$, $y=(\eta_1,\eta_2,\cdots,\eta_n)$, $\rho(x,y)=[\sum_{i=1}^n(\xi_i-\eta_i)^2]^{\frac{1}{2}}$, 证明 $(\mathbb{R}^n,\rho)$ 是度量空间.

1.1.2. 设 S 为实数列的全体所成的空间, 对于 $x=\{x_i\}_{i=1}^\infty\in S, y=\{y_i\}_{i=1}^\infty\in S$, 令

$$\rho(x,y)=\sum_{i=1}^\infty\frac{1}{2^i}\frac{|x_i-y_i|}{1+|x_i-y_i|}$$

证明 $\rho(x,y)$ 是 S 上的一个度量.

1.1.3. 在实数集合 $\mathbb{R}$ 上, 判断下列 $\rho(x,y)$ 是否为度量:

(1) $\rho(x,y)=(x-y)^2$; (2) $\rho(x,y)=\sqrt{|x-y|}$.

1.1.4. 设 X 表示所有有界数列的集合, 对每个元素 $x=\{\xi_j\}(1\leqslant j<\infty)$, 存在常数 K_x, 使得对所有的 j, $|\xi_j|\leqslant K_x$, 按 $\rho(x,y)=\sup_{j\geqslant 1}|\xi_j-\eta_j|$ 定义度量, 令 $l^\infty=(X,\rho)$, 证明 l^∞ 是度量空间.

1.1.5. 设 (X,ρ) 是度量空间, $x_0\in X$, 实数 $r>0$, 则称点集 $U(x_0,r)=\{x|x\in X,\rho(x,x_0)<r\}$ 为以 x_0 为中心、r 为半径的开球. 点集 $\bar{U}(x_0,r)=\{x|x\in X,\rho(x,x_0)\leqslant r\}$ 为以 x_0 为中心、r 为半径的闭球, 试证: (1) 开球为开集; (2) 闭球为闭集.

1.1.6. 设 $f:[0,\infty)\to[0,\infty)$ 是严格单调递增函数, 且满足

$$f(0)=0,\ f(x+y)\leqslant f(x)+f(y),\quad x,y\in[0,\infty)$$

设 d 是 X 上的距离, 证 $d_1(x,y)=f(d(x,y))$ 也是 X 上的距离.

1.1.7. 若度量空间 X 的稠密子集为 E. 即 $X=\bar{E}$, 则下列命题等价:

(1) X 中任一点的任一邻域中都有 E 中的点;

(2) $\bar{E}=X$;

(3) $\forall x\in X$, 有 E 中点列 $\{x_n\}$, 使 $x_n\to x(n\to\infty)$.

1.2 度量空间中集合的性质

1.2.1 度量空间中的子集性质的蕴含

引理 1.2 度量空间 (X,ρ) 中的自列紧集合必是完备的.

证明 设 M 是 (X,ρ) 中一自列紧子集, $\{x_n\}$ 是 M 中的一个基本列. 由自列紧性, 存在 $\{x_n\}$ 的子列 $\{y_n\}$ 收敛到 $x_0\in M$, 因而 $x_n\to x_0$. □

推论 1.3 列紧空间必是完备空间.

证明　全集 X 的列紧性等价于自列紧性, 由引理 1.2 知结论成立. □

引理 1.4　度量空间 (X,ρ) 中的完备子集 M 是闭集.

证明　为证完备集 M 是闭集, 先取其导集 M'. 对任意的 $x \in M'$, 存在 M 中的点列 $\{x_n\}$, 使得 $x_n \to x$, 故 $\{x_n\}$ 为基本列, 所以 $x \in M$. 这表明 $M' \subset M$, M 为闭集. □

给定度量空间 (X,ρ) 的集合 M 和 M 的子集 N. 对给定的 $\varepsilon > 0$, 若对 $\forall x \in M$, 都 $\exists y \in N$, 使得 $x \in B(y,\varepsilon)$, 那么称 N 是 M 的一个 ε 网, 这时有

$$M \subset \bigcup_{y \in N} B(y,\varepsilon)$$

如果 N 还是一个有限集, 那么称 N 是 M 的一个有限 ε 网. 若对 $\forall \varepsilon > 0$, 都存在 M 的一个有限 ε 网, 则称集合 M 是**完全有界的**, 这时 N 就是球心集 $\{y_1, \cdots, y_n\}$, 其中 n 依赖于给定的 ε, 则

$$M \subset \bigcup_{i=1}^{n} B(y_i,\varepsilon), \quad \forall \varepsilon > 0$$

由此可见

命题 1.5　完全有界集是有界的.

命题 1.6　完全有界的度量空间是可分的.

证明　为完全有界的空间 X 取一个可数稠密子集. 对任意的自然数 n, 取 $N_n = \{y_1, \cdots, y_m\}$ 为 X 的有限的 $\varepsilon = \dfrac{1}{n}$ 网, 记 $E = \bigcup_{n=1}^{\infty} N_n$. 由于对任意的 $\varepsilon = \dfrac{1}{n}$, 都有

$$X \subset \bigcup_{i=1}^{m} B(y_i,\varepsilon), \quad \forall \varepsilon > 0$$

任给 $x \in X$, 对任意的 n, 都有 $y_{i_n} \subset E$, 使得 $x \in B\left(y_{i_n}, \dfrac{1}{n}\right)$. 因此可以找到 $\{y_{i_n}\} \subset E$, 使得 $y_{i_n} \to x$, 因此 $x \in \bar{E}$, 也就是 $X \subset \bar{E}$, 故 $X = \bar{E}$, 说明 E 是 X 的稠密子集. 易证 E 是可数的, 故 E 是 X 的一个可数稠密子集. □

引理 1.7　给定度量空间 (X,ρ), $M \subset X$,

(1) 若 M 在 X 中列紧, 则 M 完全有界;

(2) 若 X 是完备空间, 且 M 完全有界, 则 M 列紧.

证明　(1) 用反证法证明完全有界. 谬设 $\exists \varepsilon_0 > 0$, M 没有有限的 ε_0 网.

取 $x_1 \in M$, $\exists x_2 \in M \setminus U(x_1,\varepsilon_0)$; 对 $x_1, x_2 \in M$, $\exists x_3 \in M \setminus [U(x_1,\varepsilon_0) \cup U(x_2,\varepsilon_0)]$; $\cdots$; 对 $x_1, \cdots, x_n \in M$, $\exists x_{n+1} \in M \setminus [U(x_1,\varepsilon_0) \cup \cdots \cup U(x_n,\varepsilon_0)]$; $\cdots$.

这样产生的 $\{x_n\} \subset M$, 显然满足 $\rho(x_n, x_m) \geqslant \varepsilon_0$, 它不能有收敛的子列, 与 M 的列紧性矛盾.

(2) 若 $\{x_n\}$ 是完全有界集 M 中的无穷点列, 想找到一个收敛子列. 对任意的 $\varepsilon > 0$, 有 $\{y_1, \cdots, y_m\} \subset M$, 满足

$$\{x_n\} \subset M \subset \bigcup_{i=1}^{m} B(y_i, \varepsilon)$$

这表明必有某个 $B(y_i, \varepsilon)$ 包含 $\{x_n\}$ 的无穷子集, 这样

对 $\varepsilon = 1$ 网, $\exists y_1 \in M$, $\{x_n\}$ 的 (含无穷点的, 下同) 子列 $\{x_n^{(1)}\} \subset B(y_1, 1)$;

对 $\varepsilon = \dfrac{1}{2}$ 网, $\exists y_2 \in M$, $\{x_n^{(1)}\}$ 的子列 $\{x_n^{(2)}\} \subset B\left(y_2, \dfrac{1}{2}\right)$; $\cdots$;

对 $\varepsilon = \dfrac{1}{k}$ 网, $\exists y_k \in M$, $\{x_n^{(k-1)}\}$ 的子列 $\{x_n^{(k)}\} \subset B\left(y_k, \dfrac{1}{k}\right)$; $\cdots$.

最后抽取对角线子列 $\{x_k^{(k)}\}$, 必是一基本列. 实际上, $\forall \varepsilon > 0$, 当 $n > \dfrac{2}{\varepsilon}$ 时, 对任意的 p 有

$$\rho(x_{n+p}^{(n+p)}, x_n^{(n)}) \leqslant \rho(x_{n+p}^{(n+p)}, y_n) + \rho(y_n, x_n^{(n)}) \leqslant \frac{2}{n} < \varepsilon$$

由空间的完备性知, 该基本列收敛. 所以 M 是列紧的. □

度量空间中子集的蕴含性质如图 1.4.

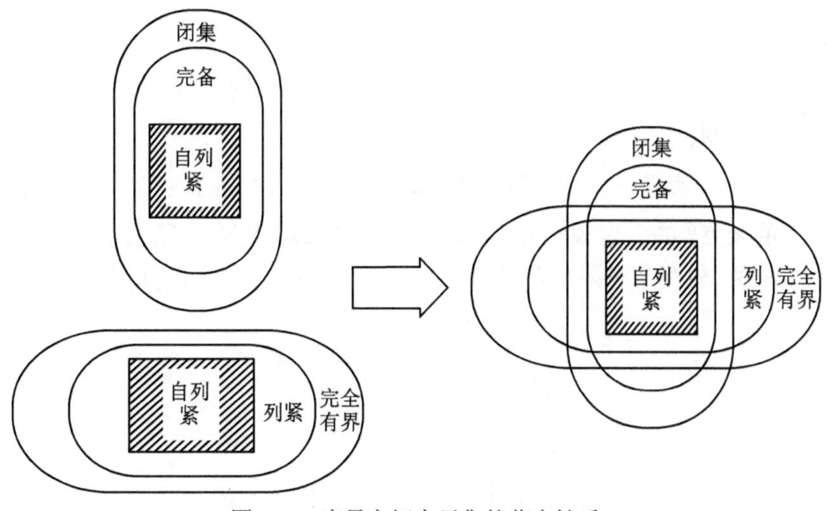

图 1.4 度量空间中子集的蕴含性质

例 1.6 考虑 l^2 空间中点列 $\{e_k\}_{k=1}^{\infty}$, 其中 $e_i = (\underbrace{0,\cdots,0,1}_{i},0,\cdots)$. 由于 $d(e_k,0)=1$, 所以 $\{e_k\}_{k=1}^{\infty}$ 有界. 由于对任意的 $i \neq j$ 都有

$$d(e_j, e_j) = \sqrt{2}$$

所以 $\{e_k\}_{k=1}^{\infty}$ 不列紧, 因而也不完全有界.

1.2.2 度量空间中的子集性质的交叉

定理 1.8 度量空间 (X,ρ) 中的子集 M 是自列紧的充要条件是 M 是闭集且完全有界.

证明 必要性. 由引理 1.2 和引理 1.4 知, M 为闭集. 由引理 1.7的 (1) 知, M 完全有界.

充分性. 设 $(\tilde{X},\tilde{\rho})$ 为度量空间 (X,ρ) 的完备化空间 (见定理 1.22). 由于 M 是完全有界的, 由引理 1.7 的 (2) 知 M 是列紧的, 也就是, 若 $\{x_n\}$ 是 M 中的无穷点列, 则可得到子列 $\{x_k^{(k)}\}$, 必收敛到 $\tilde{X}$ 的一个点 x, 由于 M 是闭集, 因而 $x \in M$. □

定理 1.9 设 M 是度量空间 (X,ρ) 的子集, 则 M 是紧致集当且仅当 M 是自列紧集.

证明 必要性. 设 M 是紧致的, 当 M 为有限集时, 它当然自列紧. 假设 M 是无限集, 如果它不自列紧, 则存在 M 的一个无限子集 A, 使得

$$A' \cap M = \varnothing$$

这表明 (见表 1.1)

$$M \text{ 中的任意点, 都不是 } A \text{ 的聚点}$$

从而任取 $x \in M$,

$$\text{存在 } \varepsilon_x > 0, \text{ 使得 } B_\varepsilon = U(x,\varepsilon_x) \cap A \text{ 是有限集}$$

("x 是 A 的聚点" 的否定说法). 同时考虑到: 开邻域族 $\Sigma = \{U(x,\varepsilon_x)\}_{x\in M}$ 是 M 的一个开覆盖, 故存在有限个开邻域 $U(x_1,\varepsilon_{x_1}),\cdots,U(x_m,\varepsilon_{x_m})$, 有

$$\bigcup_{j=1}^{m} U(x_j,\varepsilon_{x_j}) \supset M \supset A$$

从而

$$A = \bigcup_{j=1}^{m} (U(x_j,\varepsilon_{x_j}) \cap A)$$

每一个 $U(x_j,\varepsilon_{x_j})\cap A$ 是有限集, 故 A 也是有限集, 与所设 A 为无限集矛盾. 必要性得证.

充分性. 用反证法. 假设在某个 M 的开覆盖 $\Sigma=\{G_\lambda\}_{\lambda\in I}$ 中不能取出有限覆盖. 由于 M 是自列紧的, 因而是完全有界的, $\forall n\in N$, 存在有限的 $\dfrac{1}{n}$ 网

$$M_n=\{x_1^{(n)},\cdots,x_{k_n}^{(n)}\}\subset M\subset\bigcup_{y\in M_n}U\left(y,\frac{1}{n}\right)$$

故有

$$M=\bigcup_{y\in M_n}\left(M\cap U\left(y,\frac{1}{n}\right)\right)$$

因此, $\forall n\in N,\exists y_n\in M_n$, 使得集合 $M\cap U\left(y_n,\dfrac{1}{n}\right)$ 非空且不能被有限个 G_λ 所覆盖, 因而得到序列 $\{y_n\}$. 另一方面, 由假定 M 是自列紧的, 点列 $\{y_n\}$ 中必存在收敛子列 $\{y_{n_k}\}$ 收敛于点 $y_0\in M$, 因而在 M 的开覆盖集 Σ 中存在 G_{λ_0} 使得 $y_0\in G_{\lambda_0}$. 由于 G_{λ_0} 是开集, 必存在 $\delta>0$, 使得 $U(y_0,\delta)\subset G_{\lambda_0}$. 取足够大的 k 使得 $n_k>\dfrac{2}{\delta}$ 且 $\rho(y_{n_k},y_0)<\dfrac{\delta}{2}$, 则 $\forall x\in M\cap U\left(y_{n_k},\dfrac{1}{n_k}\right)$ 有

$$\rho(x,y_0)\leqslant\rho(x,y_{n_k})+\rho(y_{n_k},y_0)\leqslant\frac{1}{n_k}+\frac{\delta}{2}<\delta$$

即 $x\in U(y_0,\delta)$, 从而 $M\cap U\left(y_{n_k},\dfrac{1}{n_k}\right)\subset U(y_0,\delta)\subset G_{\lambda_0}$. 这与集合 $M\cap U\left(y_n,\dfrac{1}{n}\right)$ 不能被有限个 G_λ 所覆盖矛盾. □

归纳以上结论, 可得如下交叉性定理.

定理 1.10 给定度量空间 (X,ρ) 中的集合 M. 以下条件两两等价:

(1) M 是自列紧的;

(2) M 是紧致集;

(3) M 是完全有界且是闭集;

(4) M 完备且完全有界;

(5) M 完备且列紧;

(6) M 是列紧集且是闭集.

证明 分为两步: (1) $\Leftrightarrow$ (2) $\Leftrightarrow$ (3). 由定理 1.9 知 (1) $\Leftrightarrow$ (2); 由定理 1.8 知 (1) $\Leftrightarrow$ (3);

其他: 则由包含关系知

$(4) \Rightarrow (3) \Leftrightarrow (1) \Rightarrow (4)$;

$(5) \Rightarrow (3) \Leftrightarrow (1) \Rightarrow (5)$;

$(6) \Rightarrow (3) \Leftrightarrow (1) \Rightarrow (6)$. □

注 1.3 (1) 可称为聚点定理, (2) 可称为有限覆盖定理.

度量空间中子集的性质见图 1.5.

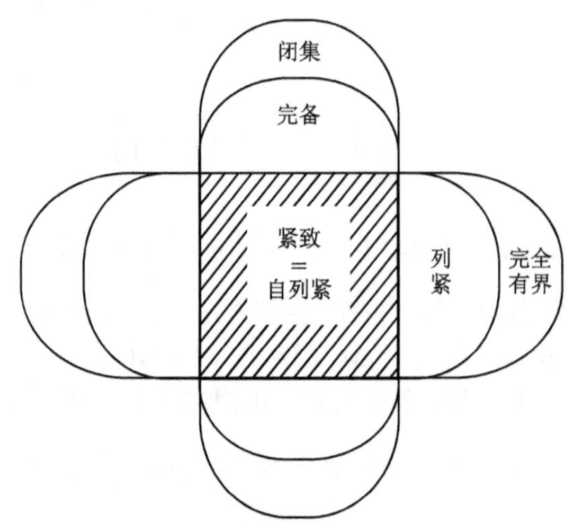

图 1.5 度量空间中子集的性质

度量空间本身可作为自己的子集, 空间也有以上的交叉性.

1.2.3 度量空间中的子集性质的遗传

一般子集对完全有界性和列紧性具有遗传性.

定理 1.11 在度量空间中, 完全有界集的子集完全有界, 列紧集的子集是列紧集.

证明 设 M 是完全有界集 E 的子集, 可通过修正 E 的一个 $\frac{\varepsilon}{2}$ 有限网得到 M 的一个 ε 有限网, 来证明 M 也是完全有界集. 实际上, 设 $N = \{x_1, \cdots, x_n\}$ 为 E 的一个 $\frac{\varepsilon}{2}$ 有限网, 因此

$$E \subset \bigcup_{i=1}^{n} U\left(x_i, \frac{\varepsilon}{2}\right)$$

仅需考虑满足 $U\left(x_i, \frac{\varepsilon}{2}\right) \cap M \neq \varnothing$ 的 x_i, 不妨设剩下的圆心为 $\{x_1, \cdots, x_m\}$, 对

于其中的 $x_i \in E \setminus M$, 取 $y_i \in U\left(x_i, \frac{\varepsilon}{2}\right) \cap M$, 否则取 $y_i = x_i$, 总有

$$U\left(x_i, \frac{\varepsilon}{2}\right) \subset U(y_i, \varepsilon)$$

所以 $N_1 = \{y_1, \cdots, y_m\}$ 为 M 的一个 ε 有限网. 后一结论可按定义直接验证. □

闭子集可遗传其他性质.

定理 1.12 在度量空间中, 完备集的闭子集 M 一定完备.

证明 设 M 是完备集 E 的闭子集. 对于 M 中的基本列 $\{x_n\}$, 首先由 E 的完备性知, 存在 E 中的点 x, 使得 $x_n \to x$, 而由 M 是闭的, 知 $x \in M$. 这表明 M 是完备的. □

定理 1.13 在度量空间中, 自列紧集合的闭子集是自列紧集.

证明 设 $\{x_n\}$ 是自列紧集合 E 的闭子集 M 中的点列, 故存在子列 x'_n 和 $x \in E$ 使得 $x'_n \to x$, 加之 M 是闭集, $x \in M$, 这说明 M 是自列紧集. □

对于度量空间中的闭子集, 完全有界的充要条件是自列紧, 因此图 1.5 退化为图 1.6.

图 1.6 度量空间中闭子集的性质

习 题 1.2

1.2.1. 证明距离空间 l^p 是可分的.

1.2.2. 证明 $\mathbb{R}^n$ 空间是完备的.

1.3　完备的度量空间

1.3.1　完备度量空间的性质

命题 1.14　完备度量空间 X 中的子集 M 完备当且仅当它是闭集.

证明　必要性来自引理 1.4, 而充分性来自定理 1.12. □

命题 1.15　完备度量空间 X 中的子集 M 列紧当且仅当它完全有界.

证明　是引理 1.7 的直接结论. □

完备度量空间中的子集的性质见图 1.7.

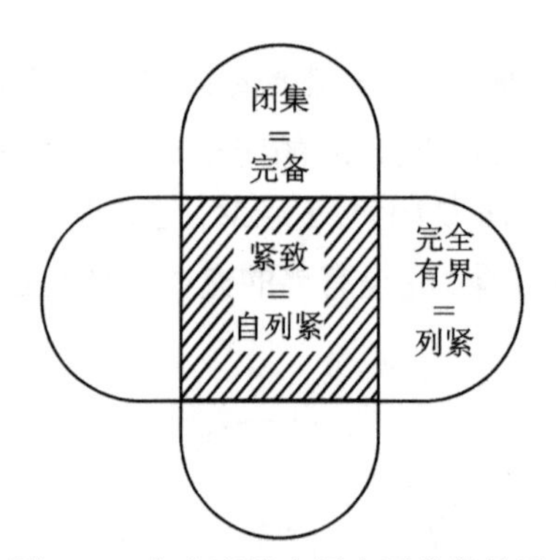

图 1.7　完备度量空间中子集的性质

我们用 $\mathbb{C}$ 表示复数域, 用 $\mathbb{R}$ 表示实数域, 用 $\mathbb{K}$ 表示一般数域. 接下来, 考察 $\mathbb{R}^n$ 空间及其点集的性质, 并讨论 $\mathbb{K}^n$ 上的情形.

性质 1.1　$\mathbb{R}^n$ 是完备的.

证明　由数学分析中的 Cauchy 收敛准则易证 $\mathbb{R}^n$ 是完备的. □

性质 1.2　在 $\mathbb{R}^n$ 空间中, M 是有界集当且仅当它是完全有界集.

证明　设 M 是有界集, 则 M 含在充分大的立方体 I 中. 对任意的 $\varepsilon > 0$, 把 I 分成边长小于 ε 的小立方体, 小立方体的最长对角线 (不在任何低维的坐标面内), 是从一个顶点 A 出发, 顺序经过互不平行 (两两垂直) 的 n 个边 (与坐标轴平行), 到达另一顶点 B 的连线 AB. 所以由向量合成法则有 $|AB|^2 \leqslant n\varepsilon^2$, 也就是 AB 的长小于等于 $\sqrt{n}\varepsilon$. 这些小立方体的中心点 O 构成了有限的 $\dfrac{\sqrt{n}}{2}\varepsilon$ 网, 所以 A 是完全有界集. 反向的结论可由命题 1.5 推得. □

因为 (复数域 $\mathbb{C}$ 上的) $\mathbb{C}$ 空间相当于 (实数域 $\mathbb{R}$ 上的) $\mathbb{R}^2$ 空间, 所以性质 1.1 和性质 1.2 在一般数域 $\mathbb{K}^n$ 空间上也成立.

$\mathbb{R}^n$ 空间作为完备空间, 其子集满足图 1.7 中的关系, 再由性质 1.2 可将完全有界换为有界. $\mathbb{R}^n$ 空间中的子集性质见图 1.8.

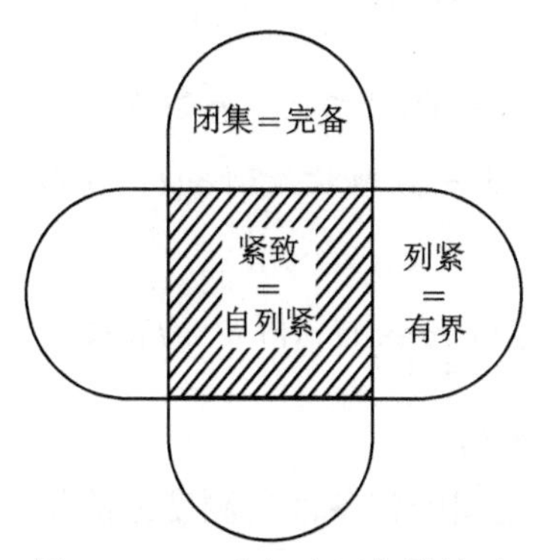

图 1.8 $\mathbb{R}^n$ 空间中子集的性质

注 1.4 在实数的基本定理中, 聚点定理是关于有界集的列紧性, Cauchy 收敛准则描述了 $\mathbb{R}$ 空间的完备性, 有限覆盖定理表示有界闭区间的紧致性.

作为 $\mathbb{R}^n$ 空间中子集性质的应用, 考虑紧致空间上的连续函数的最值问题.

定理 1.16 紧致空间 X 上的连续函数 T 必有最大值与最小值.

证明 任取 $T(X)\subset\mathbb{R}$ 的一个开覆盖 $\{U_i\}_{i\in I}$. 由于 T 连续, 对于每个 $i\in I$, $T^{-1}U_i$ 是 X 中的一个开集并且 $\{T^{-1}U_i\}_{i\in I}$ 构成 X 的一个开覆盖. 由于 X 是紧集, 则存在有限的 $\{T^{-1}U_i\}_{i=1}^N$, 使得 $X\subset\bigcup_{i=1}^N T^{-1}(U_i)$, 也就是

$$X=\bigcup_{i=1}^{N}T^{-1}(U_i)$$

从而

$$T(X)=\bigcup_{i=1}^{N}U_i$$

所以 $T(X)$ 是 $\mathbb{R}$ 中的紧集, 因此 $T(X)$ 是有界闭集, 一方面 $T(x)$ 的有界性表明它有上下确界, 另一方面闭集表明确界值就在 $T(x)$ 中 (也就是能够取到), 故 $T(x)$ 有最大值和最小值. □

例 1.7 $C[a,b]$ 表示由所有的定义在 $[a,b]$ 上的连续函数 $x(t)$ 组成的全体, 定义的距离

$$d(x,y)=\max_{t\in[a,b]}|x(t)-y(t)|$$

使得 $(C[a,b],d)$ 是度量空间, 下面证明 $C[a,b]$ 是完备的. 设 $\{x_n(t)\}_{n=1}^{\infty}$ 是 $C[a,b]$ 中的 Cauchy 序列, 则任给 $\varepsilon>0$, 存在自然数 N, 使得

$$|x_n(t) - x_m(t)| < \varepsilon, \quad n, m \geqslant N, a \leqslant t \leqslant b$$

显然对每个 $t \in [a,b], \{x_n(t)\}_{n=1}^{\infty}$ 收敛. 设 $\lim_{n\to\infty} x_n(t) = x(t)$, 在上式中令 $m \to \infty$ 可得

$$|x_n(t) - x(t)| \leqslant \varepsilon, \quad n \geqslant N, a \leqslant t \leqslant b$$

这表明 $\{x_n(t)\}_{n=1}^{\infty}$ 在 $[a,b]$ 上一致地收敛到 $x(t)$. 由数学分析可知, $x(t)$ 也是 $[a,b]$ 上的连续函数. 又由前式

$$d(x_n, x) = \max_{a \leqslant t \leqslant b} |x_n(t) - x(t)| \leqslant \varepsilon, \quad n \geqslant N$$

即 $x_n \to x$, 故 $C[a,b]$ 是完备的.

$L^p[a,b](1 \leqslant p < \infty)$ 空间的完备性见测度论的相关书籍, l^p 空间的完备性见习题.

1.3.2 压缩映射原理

定义 1.6 考虑映射 $T:(X,\rho) \to (X,\rho)$. 如果存在 $0 < a < 1$ 使得对任意的 $x, y \in X$ 有

$$\rho(Tx, Ty) \leqslant a\rho(x,y) \tag{1.4}$$

则称函数 T 是 (X,ρ) 到自身的压缩映射. 若存在 $x_0 \in X$ 使得 $Tx_0 = x_0$, 则称 x_0 为 T 的不动点.

Banach 不动点定理或压缩映射原理如下.

定理 1.17 设 (X,ρ) 是一完备度量空间, T 是 (X,ρ) 到自身的压缩映射, 那么在 X 中存在唯一的 T 不动点.

证明 任取 $x_0 \in X$, 令 $x_1 = Tx_0$, 以及 $x_{n+1} = Tx_n$, $n = 1, 2, \cdots$, 考察由此迭代产生的序列 $\{x_n\}$, 它满足

$$\rho(x_{n+1}, x_n) = \rho(Tx_n, Tx_{n-1}) \leqslant a\rho(x_n, x_{n-1}) \leqslant a^n \rho(x_1, x_0) \tag{1.5}$$

从而对任意的 $m \in \mathbb{N}$, 由三角不等式有

$$\begin{aligned} \rho(x_{n+m}, x_n) &\leqslant \sum_{j=1}^{m} \rho(x_{n+j}, x_{n+j-1}) \\ &\leqslant \frac{1 - a^{m-1}}{1 - a} a^n \rho(x_1, x_0) \to 0 \quad (n \to \infty) \end{aligned} \tag{1.6}$$

对任意的 m 一致成立, 因而 $\{x_n\}$ 是一个 Cauchy 列, 由于 X 是完备的, 这个基本列的极限 x^* 存在. 对等式 $Tx_n = x_{n+1}$ 两边取极限, 由于 T 是连续的, 得到

$$Tx^* = x^*$$

即 x^* 是 T 的不动点. 若还有一个不动点 x^{**}, 则

$$\begin{aligned}\rho(x^*,x^{**}) &= \rho(Tx^*,Tx^{**})\\ &\leqslant a\rho(x^*,x^{**})\end{aligned}$$

由此推出 $\rho(x^*,x^{**})=0$, 也就是 $x^*=x^{**}$, 所以 T 在 X 中的不动点是唯一的. □

例 1.8 考虑问题

$$\begin{cases}\dot{x}=f(x,t),\\ x(t_0)=x_0\end{cases}\tag{1.7}$$

其中 $f(x,t)$ 在平面上连续并且对变量 x 满足 Lipschitz 条件:

$$|f(x_1,t)-f(x_2,t)|\leqslant K|x_1-x_2|\tag{1.8}$$

则问题(1.7)在 t_0 的某个邻域内有唯一解.

任取 $\delta>0$ 使得 $K\delta<1$, 考虑空间 $C[t_0-\delta,t_0+\delta]$, 在空间上定义

$$T(x(t))=\int_{t_0}^{t}f(x(\tau),\tau)d\tau+x_0$$

则 T 是空间到自身的映射. 此外, 由于

$$\begin{aligned}d(Tx_1,Tx_2) &= \max_{|t-t_0|\leqslant\delta}\left|\int_{t_0}^{t}[f(x_1(\tau),\tau)-f(x_2(\tau),\tau)]d\tau\right|\\ &\leqslant \max_{|t-t_0|\leqslant\delta}\left|\int_{t_0}^{t}K|x_1(\tau)-x_2(\tau)|d\tau\right|\\ &\leqslant K\delta\max_{|t-t_0|\leqslant\delta}|x_1(t)-x_2(t)|\\ &= K\delta d(x_1,x_2)\end{aligned}$$

所以在空间 $C[t_0-\delta,t_0+\delta]$ 内就有不动点 $x=x^*$,

$$Tx^*=x^*$$

满足

$$x^*(t)-x^*(t_0)=\int_{t_0}^{t}f(x^*(\tau),\tau)d\tau,\quad x^*(t_0)=x_0$$

1.3.3 Baire 纲定理

若 $E \subset \bar{S}$, 称 S 在 E 中稠密. 若 S 不在 E 中稠密, 则 E 不含于 $\bar{S}$, 也就是: $E \cap (\bar{S})^C \neq \varnothing$(见表 1.1).

定义 1.7 设 X 是度量空间, $S \subset X$, 如果 S 不在任何开球内稠密, 则 S 是稀疏的 (又称无处稠密的).

以下是稀疏集的等价性定义.

命题 1.18 S 是稀疏集的充要条件是 $\bar{S}$ 不包含内点 (即, $(\bar{S})^\circ = \varnothing$).

证明 (1) 必要性. S 不在任何开球内稠密, 若 $\bar{S}$ 含有内点 x_0, 则有 $U(x_0, \varepsilon) \subset \bar{S}$, 故 S 在 $U(x_0, \varepsilon)$ 中稠密, 矛盾.

(2) 充分性. 设 $\bar{S}$ 不含有内点. 若 S 在某开球 $U(x_0, \varepsilon)$ 中稠密, 也就是 $U(x_0, \varepsilon) \subset \bar{S}$, 则说明 x_0 是 $\bar{S}$ 的内点, 矛盾. □

命题 1.19 设 S 是度量空间 X 中的稀疏集, 则对于 X 中的任一开球 $U(x_0, r_0)$, 存在开球 $U(x_1, r_1)$ 满足

$$\overline{U(x_1, r_1)} \subset U(x_0, r_0) \cap (\bar{S})^C$$

证明 因 S 是稀疏集, 对任意的开邻域 $U(x_0, r_0)$, 都有

$$U(x_0, r_0) \cap (\bar{S})^C \neq \varnothing$$

因为它是开集, 故存在开邻域

$$U(x_1, \varepsilon) \subset U(x_0, r_0) \cap (\bar{S})^C$$

因而可取 $r_1 = \dfrac{\varepsilon}{2}$ 使得

$$\overline{U(x_1, r_1)} \subset U(x_0, r_0) \cap \bar{S}^C$$ □

定义 1.8 在度量空间 X 中, 若 $E = \bigcup_{n=1}^{\infty} S_n$, 而每个 S_n 都是稀疏集, 则称 E 是第一纲的. 非第一纲的点集称为第二纲的.

定理 1.20 (Baire 纲定理) 完备的度量空间必是第二纲的.

证明 如若不然, 则有 $X = \bigcup_{n=1}^{\infty} S_n$, 而每个 S_n 是稀疏集.

由于 S_1 是稀疏的, 由命题 1.19 知, 必有开球 $U_1 = U(x_1, r_1)$ 使得 $U_1 \subset \bar{S}_1^C$, 因此

$$U_1 \cap \bar{S}_1 = \varnothing$$

由于 S_2 是稀疏的, 再由命题 1.19 知, 在 U_1 中必有开球 $U_2 = U(x_2, r_2)$ 使得 $\bar{U}_2 \subset U_1 \cap \bar{S}_2^C$, 也就是

$$\bar{U}_2 \subset U_1, \quad \bar{U}_2 \cap \bar{S}_2 = \varnothing$$

其中 $r_2 \leqslant \dfrac{r_1}{2}$. 如此递推, 对每个 $n \geqslant 2$, 存在小球 $U_n = U(x_n, r_n)$ 使得

$$\bar{U}_n \subset U_{n-1}, \quad \bar{U}_n \cap \bar{S}_n = \varnothing$$

其中 $r_n \leqslant \dfrac{r_{n-1}}{2}$. 对于 $m \geqslant n, x_m \in \bar{U}_n$, 故

$$\rho(x_n, x_m) < \frac{r_1}{2^{n-1}}$$

这说明 $\{x_n\}_{n=1}^{\infty}$ 是 X 中的基本列, 由 X 的完备性, 必有极限 $x \in X$. 由于 $m \geqslant n, x_m \in \bar{U}_n$, 于是 $x \in \bar{U}_n \subset \bar{U}_{n-1}$, 故 $x \notin S_{n-1}, n = 2, 3, \cdots$, $x \notin \bigcup_{n=1}^{\infty} S_n = X$, 矛盾! □

Baire 纲定理的证明如图 1.9.

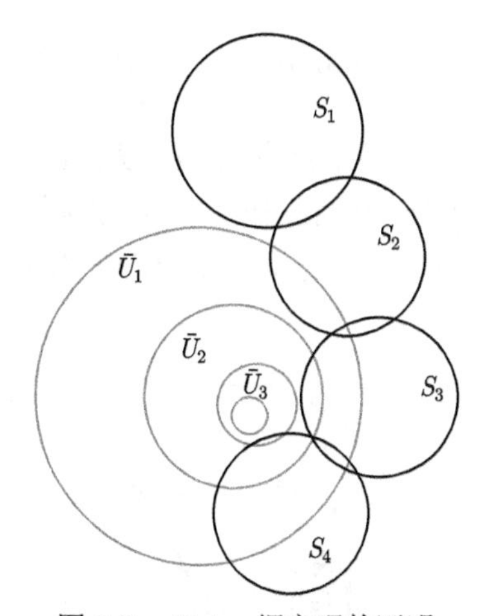

图 1.9 Baire 纲定理的证明

例 1.9 将闭区间 $[0,1]$ 均分为三段, 删去中间的开区间 $\left(\dfrac{1}{3}, \dfrac{2}{3}\right)$. 再将剩下的两个区间 $\left[0, \dfrac{1}{3}\right]$ 和 $\left[\dfrac{2}{3}, 1\right]$ 分别均分成三段, 并去掉中间的开区间, 依次逐步三等分剩余线段并删除中间开区间. 经过无穷次之后剩余的点组成的点集称为 Cantor 集. 在 $\mathbb{R}$ 空间中 Cantor 集是稀疏集.

1.3.4 度量空间的完备化 (选)

为了研究度量空间的可完备化, 引入等距的概念.

定义 1.9 给定度量空间 (X, ρ) 和 (Y, d), 设映射 $T: X \to Y$ 满足, 对任意的 $x_1, x_2 \in X$ 都有 $\rho(x_1, x_2) = d(Tx_1, Tx_2)$, 则称 T 是等距映射.

凡是等距的度量空间, 它们的一切与距离相联系的性质都是一样的, 因此在度量空间中将不再区分它们, 也就是 $(TX, d) = (X, \rho)$. 于是在定义 1.9 中, 可认为 (X, ρ) 是 (Y, d) 的一个子空间, 记作 $(X, \rho) \subset (Y, d)$, 并有 $\rho = d|_X$.

设 $\{x_n\}$ 和 $\{x'_n\}$ 是 X 中的基本列, 若 $\lim_{n\to\infty} \rho(x_n, x'_n) = 0$, 就称这两个基本列是等价的, 将彼此等价的基本列归为一类, 称其为等价类.

定义 1.10　包含给定度量空间 (X, ρ) 的最小完备度量空间 Y, 称为空间 (X, ρ) 的完备化空间, 所谓最小是指, 对于任意的包含 (X, ρ) 的完备度量空间 Y', 都有 $Y \subset Y'$.

下面给出度量空间完备化的一个判据.

引理 1.21　设 (Y, d) 是一个以 (X, ρ) 为子空间的完备度量空间, $\rho = d|_X$, 并且 X 在 Y 中稠密, 则 Y 是 X 的完备化空间.

证明　因为 X 在 Y 中稠密, 对于任意的 $y \in Y$, $\exists \{x_n\} \subset X$, 使得

$$\lim_{n\to\infty} \rho(x_n, y) = 0$$

若还有以 (X, ρ) 为子空间的完备度量空间 (Y', d'), $\rho = d'|_X$. 由于 $\{x_n\}$ 在 ρ 下是基本列, 也在 d' 下是基本列, 从而存在 $y' \in Y'$ 为极限.

作从 Y 到 Y' 的映射 $T: y \mapsto y'$. 如图 1.10, 为证 $Y \subset Y'$, 先证 T 是等距映射.

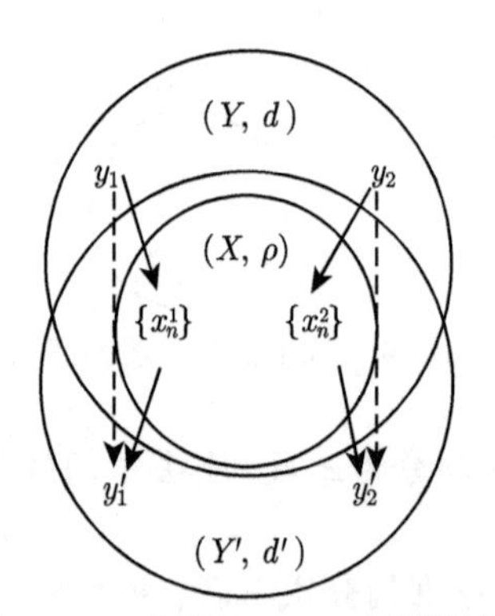

图 1.10　对引理 1.21 证明的图解

对于任意的 $y_i \in Y (i = 1, 2)$, $\exists \{x_n^i\} \subset X$, 使得

$$\lim_{n\to\infty} d(x_n^i, y_i) = 0$$

记 $y'_i = Ty_i$, 则

$$\lim_{n\to\infty} d'(x_n^i, y'_i) = 0$$

于是

$$\begin{aligned} d'(y_1', y_2') &= \lim_{n\to\infty} d'(x_n^1, x_n^2) \\ &= \lim_{n\to\infty} \rho(x_n^1, x_n^2) \\ &= \lim_{n\to\infty} d(x_n^1, x_n^2) \\ &= d(y_1, y_2) \end{aligned}$$

说明 Y 与 $TX \subset Y'$ 等距, 也就是 $Y \subset Y'$, 因此 Y 是 X 的完备化空间. □

每个度量空间都可完备化.

定理 1.22 任给度量空间 (X,ρ), 都存在一个完备的度量空间 (Y,d).

证明 设 (X,ρ) 是一个度量空间. 证明分为三步: 首先构造一个度量空间 (Y,d), 然后证明 X 在 Y 中稠密 (也就是 X 同构于 Y 的一个稠密子集 $\tilde{X}$), 最后证明 (Y,d) 是完备的.

(1) 将 X 中所有基本列构成的集合记作 Y(相当于由 X 的部分子集组成的集合系), 其中每个等价类看成一个元. 任取 Y 中的元 $y_1 = \{x_n^{(1)}\}$, $y_2 = \{x_n^{(2)}\}$, 令

$$d(y_1, y_2) = \lim_{n\to\infty} \rho(x_n^{(1)}, x_n^{(2)})$$

易证 (Y,d) 是一个度量空间.

(2) 定义 (X,ρ) 到 (Y,d) 的映射如下:

$$T(x) = \{x, x, \cdots, x, \cdots\} = \xi$$

令 $T(X) = \tilde{X}$, 则映射 T 是 (X,ρ) 到 $(\tilde{X},d)$ 的等距映射. 为证 $\tilde{X} = T(X)$ 在 (Y,d) 的稠密性, 给定 $y = \{x_n\} \in Y$, 取 $\xi_k = T(x_k) \in T(X)$. 对任何 $\varepsilon > 0$, 因为 $\{x_n\}$ 是 X 中的基本列, 存在 N, 当 $n, k \geqslant N$ 时, $\rho(x_n, x_k) \leqslant \varepsilon$, 则

$$d(y, \xi_k) = \lim_{n\to\infty} \rho(x_n, x_k) \leqslant \varepsilon$$

故 $T(X)$ 是 (Y,d) 的稠密子集. 由于 (X,ρ) 与 $(\tilde{X},d)$ 等距, X 是 (Y,d) 的稠密子集.

(3) 往证空间 (Y,d) 是完备的. 任给 (Y,d) 中的基本列 $\{y_n\}$, 要找到一个元 $y \in Y$, 使得当 $n \to \infty$ 时, 有 $y_n \xrightarrow{d} y$.

由于 $T(X)$ 在 Y 中稠密, 对每个 y_n, 必有 $x_n \in X$ 使得 $\xi_n = T(x_n) \in TX$ 且

$$d(\xi_n, y_n) < \frac{1}{n}$$

于是

$$\begin{aligned}\rho(x_m, x_n) = d(\xi_m, \xi_n) &\leqslant d(\xi_m, y_m) + d(y_m, y_n) + d(y_n, \xi_n) \\ &\leqslant \frac{1}{m} + d(y_m, y_n) + \frac{1}{n}\end{aligned}$$

所以 $\{x_n\}$ 是 X 的基本列, 记 $y = \{x_n\}$, 则 $y \in Y$, 而

$$\begin{aligned}d(y_n, y) &= d(y_n, \xi_n) + d(\xi_n, y) \\ &\leqslant \frac{1}{n} + \lim_{k\to\infty} \rho(x_n, x_k) \to 0 \quad (n \to \infty)\end{aligned}$$

即 Y 是完备的.

由 (1)、(2) 和 (3), 根据引理 1.21, 即得本定理结论. □

证明中将 X 当成有理数集, TX 也是 (等距) 有理数集, 而把 Y 当成实数集.

习 题 1.3

1.3.1. 设 $X = [1, +\infty), T: X \longrightarrow X, Tx = \dfrac{x}{2} + \dfrac{1}{x}$, 证明: T 是压缩映射.

1.3.2. 利用压缩映射原理验证方程 $x^3 + 6x - 1 = 0$ 在 $[0, 1]$ 上有实根.

1.3.3. 证明距离空间 l^p 是完备的.

第 2 章　赋范线性空间

度量空间 (X,ρ) 是对一个集合 X 赋予一个距离后得到的空间. 我们考虑 X 为本身是线性空间的特殊的度量空间——线性度量空间. 欧氏空间中距离和向量的模可以互相确定, 同样, 上一章引进的度量与本章要引进的范数可以相互确定, 所以赋范空间是与度量空间相当的概念. 自然我们考虑与线性度量空间相当的赋范线性空间. 也就是说, 赋范线性空间是在线性空间中引进一种与代数运算相联系的度量, 即由向量范数诱导出的度量. 赋范线性空间是学习 Banach 空间和 Hilbert 空间的基础.

2.1　赋范线性空间的结构

2.1.1　线性空间

定义 2.1　对集合 X, 如果在某些元素对 (a,b) 上有二元关系, 记作 $a\prec b$, 它满足性质:

(1) 若 $a\prec b$ 且 $b\prec a$, 则 $a=b$;

(2) 若 $a\prec b$ 且 $b\prec c$, 则 $a\prec c$,

则称 X 按关系 $\prec$ 为部分有序的, 或称 X 为部分有序集 (或半序集).

进一步, 我们称

(1) $p\in X$ 是 $F\subset X$ 的上界, 如果

$$x\prec p,\quad \forall x\in F$$

(2) 称 $F\subset X$ 是完全有序的 (或是全序集), 如果对任意两个元素 $x,y\in F$, 必有 $x\prec y$ 或 $y\prec x$.

(3) 称 $m\in X$ 为 X 的极大元, 如果 $\forall x\in X$, 当 $m\prec x$ 时, 必有 $x=m$.

例 2.1　全集 Ω 所有的子集的全体 2^{Ω}. 定义 $A\prec B$ 若 $A\subset B$ 且 $A,B\in 2^{\Omega}$. 2^{Ω} 按 $\prec$ 为半序集.

例 2.2　对复数集 C 中任意的 $z_1=x_1+\mathrm{i}y_1$ 和 $z_2=x_2+\mathrm{i}y_2$, 定义 $z_1\prec z_2$, 如果 $x_1\leqslant x_2$ 和 $y_1\leqslant y_2$. C 对于 $\prec$ 是半序集, 而实轴、虚轴和直线都是全序集.

以下引理是作为公理引进的.

引理 2.1 (Zorn 引理)　设 X 是非空的部分有序集, 如果 X 中任意的完全有序子集都有一个上界在 X 中, 则 X 必含有一个极大元.

注 2.1 Zorn 引理、良序原理和选择公理两两等价.

假设我们熟知加法和数乘运算 (由公设定义), 我们给出线性空间的一个简化版的定义.

定义 2.2 设 X 是一非空集合, $\mathbb{K}$ 是一个数域 (实数域 $\mathbb{R}$ 或复数域 $\mathbb{C}$), 如果

$$ax + by \in X, \quad \forall x, y \in X, \ a, b \in \mathbb{K}$$

则称 X 是 $\mathbb{K}$ 上的一个线性空间 (向量空间).

定义 2.3 线性空间 X 中的一个非空子集 M 称为 X 中的线性流形, 如果对任意的 $x, y \in M$ 都有

$$ax + by \in M, \quad \forall\, a, b \in \mathbb{K}$$

设 S 是 X 的任意非空子集, 易验证由 S 中的元素的所有线性组合组成的集合 M, 是 X 的一个线性流形, 称为由 S 张成的线性流形, 记作 $M = \operatorname{span}(S)$. 称度量空间 X 的闭的线性流形为子空间.

定义 2.4 设 X 是具有非零元素的线性空间, X 的一个子集 H 称为 X 的 Hamel 基, 如果

(1) H 是线性无关的;

(2) $X = \operatorname{span}(H)$, 也就是 H 张成的线性流形是整个空间 X.

与有限维线性空间的基不同, Hamel 基的存在性不是明显的.

定理 2.2 (Hamel 基的存在性) 设 X 是线性空间, S 是 X 中任意的线性无关的子集, 则存在 X 的一个 Hamel 基 H 使得 $S \subset H$.

证明 设 $\mathcal{T}$ 是 X 所有包含 S 之线性无关子集组成的族, 则 $\mathcal{T}$ 按集合的包含关系是部分有序集, 即 $\forall M, N \in \mathcal{T}$, 且 $M \subset N$, 则 $M \prec N$. 显然 $\mathcal{T}$ 是非空的. 如果 $\mathcal{T}_0$ 是 $\mathcal{T}$ 的完全有序子集, 则 $\mathcal{T}_0$ 中所有集合的并仍是 X 中包含 S 的线性无关子集, 即这个并仍在 $\mathcal{T}$ 中, 它是 $\mathcal{T}_0$ 的上界. 因此 $\mathcal{T}$ 满足 Zorn 引理条件, 故 $\mathcal{T}$ 中必有极大元, 记为 H, 则 $H \supset S$ 且 H 是线性无关的. 则 $\operatorname{span}(H) = X$, 也就是 H 必是 X 的 Hamel 基. 如若不然, 设存在 $x \in X$, 但 $x \notin \operatorname{span}(H)$, 则 $H' = \{x\} \cup H$ 仍然是包含 S 的线性无关子集, 因此 H 是 H' 的真子集, 这与 H 是 $\mathcal{T}$ 中的极大元矛盾! □

注 2.2 任何非零线性空间必有一个 Hamel 基.

设 X 是线性空间, M, N 都是它的线性流形, 定义 M 和 N 的和

$$M + N = \{z : z = m + n, m \in M, n \in N\}$$

若还有 $M \cap N = 0$, 则记 $M + N$ 为 $M \oplus N$, 称为 M 和 N 的直和.

定理 2.3 设 M 是线性空间 X 的线性流形, 则存在 X 的一个线性流形 N 使得 $X=M\oplus N$.

证明 不失一般性, 设 M 是 X 之非零的真线性流形, 因为 M 本身也是线性空间, 它具有 Hamel 基 H_1. H_1 也是 X 的线性无关子集. 由定理 2.2, 存在 X 的一个 Hamel 基 H, $H\supset H_1$. 设 $N=\operatorname{span}(H\setminus H_1)$, 则 $X=M\oplus N$. □

2.1.2 线性度量空间

定义 2.5 设线性空间 X 上还赋有距离 $\rho(\cdot,\cdot)$. 如果加法和数乘都按 $\rho(\cdot,\cdot)$ 确定的极限是连续的, 也就是

(1) $\rho(x_n,x)\to 0,\rho(y_n,y)\to 0\Rightarrow\rho(x_n+y_n,x+y)\to 0$;

(2) $\rho(x_n,x)\to 0,a_n\to a\Rightarrow\rho(a_nx_n,ax)\to 0$,

则称 (X,ρ) 为 X 上的线性度量空间.

考虑线性度量空间的例子, 它们是例 1.1 ~ 例 1.4 的继续.

例 2.3 ($l^p(1\leqslant p<\infty)$ 空间) 定义加法与数乘运算

$$x+y=\{x_j+y_j\},\quad \alpha x=\{\alpha x_j\}$$

如果 $x=\{x_j\},y=\{y_j\}$ 属于 l^p, 利用 C_r 不等式: 对任意复数 a,b,

$$|a+b|^p\leqslant 2^p\left(|a|^p+|b|^p\right)\tag{2.1}$$

可以证明 l^p 按上述定义的加法和数乘是一个线性空间.

按例 1.1定义的距离 ρ, 可以证明, 空间 l^p 的序列 $x_n=\left\{x_j^{(n)}\right\},n=1,2,\cdots$, 收敛于 $x=\{x_j\}$, 当

(1) $x_j^{(n)}\to x_j,n\to\infty$, 对所有 j.

(2) 任给 $\varepsilon>0$, 存在 $N_0=N_0(\varepsilon)$, 使 $\sum_{j=N+1}^{\infty}\left|x_j^{(n)}\right|^p<\varepsilon$, 对所有的 $N\geqslant N_0$ 和 n.

由此可证 l^p 是赋以距离 ρ 的线性距离空间.

例 2.4 (l^∞ 空间) 定义加法与数乘运算

$$x+y=\{x_j+y_j\},\quad \alpha x=\{\alpha x_j\}$$

可验证 l^∞ 空间是线性空间. 按例 1.2定义的距离 ρ, 可以证明, 空间 l^∞ 的序列 $x_n=\left\{x_j^{(n)}\right\},n=1,2,\cdots$, 收敛于 $x=\{x_j\}$, 当 $x_j^{(n)}\to x_j,n\to\infty$, 对所有 j. 由此可证 l^∞ 是赋以距离 ρ 的线性度量空间.

例 2.5 ($L^p[a,b](1 \leqslant p < \infty)$ 空间)　对于属于 $X = L^p[a,b]$ 的可测函数 $x = x(t), y = y(t)$, 定义

$$(x+y)(t) = x(t) + y(t), \quad (\alpha x)(t) = \alpha x(t), \quad t \in [a,b]$$

利用不等式(2.1)可以证明 X 是线性空间. 按例 1.3 定义的距离 ρ, 对于 $x_n(t), x(t) \in L^p[a,b], n = 1, 2, \cdots$, 若

$$\rho(x_n(t), x(t)) \to 0, \quad \text{当} n \to \infty$$

则称函数列 $\{x_n(t)\}_{n=1}^{\infty}$ 是 p 阶平均收敛于 $x(t)$ 的. 规定 $L^p[a,b]$ 中的收敛就是 p 阶平均收敛. 易于验证 X 是赋以距离 ρ 的线性距离空间.

例 2.6 ($L^\infty[a,b]$ 空间)　对 X 中的两个元 $x = x(t), y = y(t)$, 定义

$$(x+y)(t) = x(t) + y(t), \quad (\alpha x)(t) = \alpha x(t), \quad t \in [a,b]$$

即逐点定义函数的加法和数乘运算. 易证 X 是一个线性空间. 按例 1.4 定义的距离 ρ, 可以证明 $L^\infty[a,b]$ 中的收敛是几乎处处一致收敛, 即设 $x_n(t)$, $x(t) \in L^\infty[a,b]$, 则 $\rho(x_n, x) \to 0$ 等价于任给 $\varepsilon > 0$, 存在 $n_0(\varepsilon)$ 及零测度集 E_ε, 使 $|x_n(t) - x(t)| < \varepsilon$, 对 $n \geqslant n_0$ 和所有 $t \in [a,b] \backslash E_\varepsilon$. 容易验证 X 中加法和数乘按这个距离 ρ 是连续的, 由此验证 (X, ρ) 是线性度量空间.

设 X 与 Y 是同一数域 $\mathbb{K}$ 上的线性空间, 称 $T: X \to Y$ 是一个线性映射, 如果

$$T(ax_1 + bx_2) = aT(x_1) + bT(x_2), \quad \forall x_1, x_2 \in X, \quad a, b \in \mathbb{R}$$

若 $T: X \to Y$ 是一个线性映射且是一一映射, 则称 T 是 X 到 Y 的线性同构映射, 这时称 X 与 Y **线性同构**.

满的线性等距映射是线性同构的. 实际上, 等距映射是单射, 因而是一一映射, 所以是同构的. 这时, 称 X 与 Y **等距同构**.

2.1.3　赋范线性空间

定义 2.6　设 X 是数域 $\mathbb{K}$ 上的线性空间, 对于 X 中的每个元素 x, 按照一定法则使其与一非负实数 $\|x\|$ 相对应, 满足

(1) 正定性: $\|x\| \geqslant 0$, 且 $\|x\| = 0 \Leftrightarrow x = 0$;

(2) 齐次性: $\|\alpha x\| = |\alpha|\|x\|$ $(\alpha \in \mathbb{K})$;

(3) 三角不等式: $\|x+y\| \leqslant \|x\| + \|y\| (x, y \in X)$,

则称 $\|x\|$ 为 x 的范数, X 为赋范线性空间.

定义 2.7　完备的赋范线性空间 X 叫做 Banach 空间.

引入距离

$$\rho(x,y)=\|x-y\|$$

可验证其满足距离三公理, 这表明 (X,ρ) 是一度量空间.

赋范线性空间中的序列的收敛理解为按范数收敛, 即 $\lim_{n\to\infty}x_n=x$ 指的是

$$\|x_n-x\|\to 0,\quad n\to\infty$$

记作 $x_n\to x$.

设 $\|\cdot\|_1$ 与 $\|\cdot\|_2$ 是线性空间上的两个不同的范数. 当 $n\to\infty$, 若

$$\|x_n\|_2\to 0\Longrightarrow\|x_n\|_1\to 0$$

则称范数 $\|\cdot\|_2$ 比 $\|\cdot\|_1$ 强. 若还有 $\|\cdot\|_1$ 比 $\|\cdot\|_2$ 强, 则称 $\|\cdot\|_2$ 与 $\|\cdot\|_1$ 等价.

命题 2.4 范数 $\|\cdot\|_2$ 比 $\|\cdot\|_1$ 强的充要条件是存在常数 $c>0$ 使得

$$\|x\|_1\leqslant c\|x\|_2,\quad\forall x\in X \tag{2.2}$$

证明 充分性是显然的, 仅证必要性. 用反证法, 若 (2.2)不成立, 则对于任意的 n, 都有 $x_n\in X$, 使得 $\|x_n\|_1\geqslant n\|x_n\|_2$. 令 $e_n=\dfrac{x_n}{\|x_n\|_1}$, 则 $\|e_n\|_1=1$, 又

$$0\leqslant\|e_n\|_2<\frac{1}{n}$$

于是 $\|e_n\|_2\to 0$, 但 $\|e_n\|_1=1$, 与范数 $\|\cdot\|_2$ 比 $\|\cdot\|_1$ 强的条件矛盾! □

定理 2.5 有限维线性空间上的两个范数等价.

证明 设 $\dim X=n$, $\|\cdot\|$ 是 X 上的一个范数, 任取一组基 $e_1,\cdots,e_n$, 则对任意的 $x\in X$, 有

$$x=\sum_{j=1}^{n}\xi_j e_j \tag{2.3}$$

令 $\xi=(\xi_1,\cdots,\xi_n)^{\mathrm{T}}$, 映射 $T:x\mapsto\xi$ 是 X 到 $\mathbb{K}^n$ 上的一一映射. 取 $\mathbb{K}^n$ 上的范数

$$\|\xi\|_2=\left(\sum_{j=1}^{n}|\xi_j|^2\right)^{\frac{1}{2}}$$

定义 $\|x\|_T=\|Tx\|_2$, 易知 $\|\cdot\|_T$ 是 X 上的一个范数.

往证 $\|\cdot\|$ 与 $\|\cdot\|_T$ 等价. 由 Schwarz 不等式得

$$\|x\|\leqslant\sum_{j=1}^{n}\|\xi_j e_j\|=\sum_{j=1}^{n}|\xi_j|\|e_j\| \tag{2.4}$$

$$\leqslant \left(\sum_{j=1}^{n}\|e_j\|^2\right)^{\frac{1}{2}}\left(\sum_{j=1}^{n}|\xi_j|^2\right)^{\frac{1}{2}} \tag{2.5}$$

$$:= c_1\|x\|_T \tag{2.6}$$

其中 $c_1 > 0$. $\|x\| = f(\xi)$ 是 ξ 的连续函数, 空间 $\mathbb{K}^n$ 中的单位球面 $S_1 = \{x : \|\xi\|_2 = 1\}$ 是紧集, 则由定理 1.16 知, f 在 S_1 上有最小值 $c_2 > 0$. 对任意的 $x \in X$, 由 $\dfrac{x}{\|x\|_T} \in S_1$, 因而

$$\|x\| \geqslant c_2\|x\|_T \tag{2.7}$$

故 $\|\cdot\|$ 与 $\|\cdot\|_T$ 等价. 另给范数也与 $\|\cdot\|_T$ 等价, 故所有范数都等价. □

下面给出赋范线性空间中的最佳逼近原理.

定理 2.6 (最佳逼近原理)　设 X 是一个赋范线性空间. 若 $e_1, \cdots, e_n$ 是 X 中给定的向量组, 则对任意的 $x \in X$, 存在 $\lambda_1, \cdots, \lambda_n \in \mathbb{K}$, 使得

$$\left\|x - \sum_{i=1}^{n}\lambda_i e_i\right\| = \min\left\{\left\|x - \sum_{i=1}^{n}\xi_i e_i\right\| : \xi_i \in \mathbb{K}\right\} \tag{2.8}$$

证明　不妨设 $e_1, \cdots, e_n$ 线性无关. 对于 $\xi = (\xi_1, \cdots, \xi_n) \in \mathbb{K}^n$, 令

$$F(\xi) = \left\|x - \sum_{i=1}^{n}\xi_i e_i\right\|$$

则 $F(\xi)$ 是 $\mathbb{K}^n$ 上的连续函数, 且

$$F(\xi) \geqslant \left\|\sum_{i=1}^{n}\xi_i e_i\right\| - \|x\|$$

令 $P(\xi) = \|\sum_{i=1}^{n}\xi_i e_i\|$, 显然 $P(\xi)$ 是 $\mathbb{K}^n$ 上的一个范数, 应用定理 2.5, 存在 $C \geqslant 0$ 使得

$$P(\xi) \geqslant C\|\xi\|_2$$

当 $\|\xi\|_2 \to \infty$ 时, $F(\xi) \to \infty$. 故对较大的 $m > 0$, 存在 $r > 0$, 当 $\|\xi\|_2 > r$ 时, $F(\xi) > m$, 也就是 F 在球 $B_r = \{\xi : \|\xi\|_2 \leqslant r\}$ 外有最小值. 另一方面, $\mathbb{K}^n$ 上连续函数 $F(\xi)$ 在作为紧集的球 B_r 上有最小值, 所以 $F(\xi)$ 在 $\mathbb{K}^n$ 中有最小值. □

注 2.3　记空间 $Y = \operatorname{span}\{e_1, \cdots, e_n\}$, 则定理 2.6 表示 X 的一点 x 到有限维子空间 Y 有最小距离. 需要指出, 对于 Y 为无穷维的情形, 定理 2.6 的结论一般不成立.

作为练习, 可验证 $l^p(1 \leqslant p < \infty)$ 空间、l^∞ 空间、$L^p[a,b](1 \leqslant p < \infty)$ 空间以及 $L^\infty[a,b]$ 空间都是 Banach 空间.

习 题 2.1

2.1.1. $\forall x=(\xi_1,\xi_2,\cdots,\xi_n)\in\mathbb{R}^n$, 定义 $\|x\|_\infty=\max\limits_{1\leqslant i\leqslant n}|\xi_i|$, 证明 $\|\cdot\|_\infty$ 是 $\mathbb{R}^n$ 上的范数.

2.1.2. A 是赋范空间 X 的一个子集, 若对于 $\forall x,y\in A$, 有 $\{\lambda x+(1-\lambda)y|0\leqslant\lambda\leqslant 1\}$ 都在 A 中, 则称 A 为凸集. 证明: 赋范线性空间中的任一开球 $U(x_0,r)=\{x|\|x-x_0\|<r\}$ 是凸开集.

2.1.3. 已知 l^∞ 为有界实 (或者复) 数列空间, 设 $x=(x_1,x_2,\cdots,x_n,\cdots)\in l^\infty$, 则 l^∞ 按范数 $\|x\|=\sup_n|x_n|$ 成为赋范线性空间. 记 c_0 是收敛于零的实 (或者复) 数列全体, 对 $x=(\xi_1,\xi_2,\cdots,\xi_n,\cdots)\in c_0$, 规定 $\|x\|=\sup_i|\xi_i|$, 证明 c_0 是 l^∞ 的闭线性子空间.

2.1.4. 设 $(X_1,\|\cdot\|_1)$ 与 $(X_2,\|\cdot\|_2)$ 是赋范线性空间, 证明: $\|x\|=\max(\|x_1\|_1,\|x_2\|_2),x=(x_1,x_2)$, 是乘积空间 $X_1\times X_2$ 上的范数.

2.1.5. 在 $C[0,1]$ 中, 对每个 $x\in C[0,1]$, 令 $\|x\|_1=\left(\int_0^1|x(t)|^2dt\right)^{\frac{1}{2}}$, $\|x\|_2=\left(\int_0^1(1+t)|x(t)|^2dt\right)^{\frac{1}{2}}$.

求证: $\|x\|_1$ 和 $\|x\|_2$ 是 $C[0,1]$ 中两个等价范数.

2.2 有界线性算子与泛函

2.2.1 有界线性算子

定义 2.8 X 与 Y 是数域 $\mathbb{K}$ 上的赋范线性空间, $A:X\to Y$ 是一个映射, 如果

$$A(\alpha x+\beta y)=\alpha Ax+\beta Ay,\quad\forall x,y\in X,\quad\alpha,\beta\in\mathbb{K}\tag{2.9}$$

那么 A 是一个线性算子. A 的定义域记为 $D(A)$, 而 A 的值域 $R(A)=\{Ax:x\in D\}$. 当 Y 取为数域 $\mathbb{K}$ 时, 线性算子 A 称为数域 $\mathbb{K}$ 上的线性泛函, 常记作 $f(x)$.

定义 2.9 X 与 Y 是数域 $\mathbb{K}$ 上的赋范线性空间, 给定线性算子 $A:X\to Y$. 对于 $x_0\in X$, 如果对于 X 中的任意点列 $\{x_n\}$

$$x_n\to x_0\Rightarrow Ax_n\to Ax_0$$

则称 A 在点 x_0 处连续. 如果 A 在 X 中的每一点处都是连续的, A 是 X 上的连续线性算子.

定义 2.10 X 与 Y 是数域 $\mathbb{K}$ 上的赋范线性空间, 线性算子 $A: X \to Y$ 是有界的, 如果有常数 $c \geqslant 0$ 使得

$$\|Ax\| \leqslant c\|x\|, \quad \forall x \in X$$

并规定

$$\begin{aligned}\|A\| &= \sup\left\{\frac{\|Ax\|}{\|x\|} : x \in X, x \neq 0\right\} \\ &= \sup\{\|Ax\| : x \in X, \|x\| = 1\}\end{aligned}$$

为 A 的范数. 用 $\mathcal{B}(X,Y)$ 表示一切由 X 到 Y 的有界线性算子的全体, 而当 $X = Y$ 时, 记 $\mathcal{B}(X,X) = \mathcal{B}(X)$.

命题 2.7 若 $A, B \in \mathcal{B}(X,Y)$, $\alpha \in \mathbb{K}$.

(1) $\|A\| \geqslant 0$, 而 $\|A\| = 0$ 当且仅当 $A = 0$;

(2) $\alpha A \in \mathcal{B}(X,Y)$, 且 $\|\alpha A\| = |\alpha|\|A\|$;

(3) $A + B \in \mathcal{B}(X,Y)$, 且 $\|A+B\| \leqslant \|A\| + \|B\|$;

(4) 若另有 $C \in \mathcal{B}(Y,Z)$, 则 $CA \in \mathcal{B}(X,Z)$, 且 $\|CA\| \leqslant \|C\|\|A\|$.

注 2.4 (1)—(4) 实际上是算子范数的定义, 其中 (1)—(3) 表明 $\|\cdot\|$ 是范数, (2) 和 (3) 表明 $\mathcal{B}(X,Y)$ 是线性空间, 所以是算子形成的赋范线性空间.

证明 显然 $\|A\| \geqslant 0$, 可验证

$$\begin{aligned}&\|A\| = 0 \Leftrightarrow Ax = 0, \forall x \in X \Leftrightarrow A = 0; \\ &\|\alpha A\| = \sup_{\|x\|=1}\{\|\alpha Ax\|\} = |\alpha| \sup_{\|x\|=1}\{\|Ax\|\} = |\alpha|\|A\|; \\ &\|A+B\| = \sup_{\|x\|=1}\{\|Ax+Bx\|\} \\ &\qquad\qquad \leqslant \sup_{\|x\|=1}\{\|Ax\|\} + \sup_{\|x\|=1}\{\|Bx\|\} = \|A\| + \|B\|\end{aligned}$$

表明 (1)—(3) 成立.

下证 (4). 若 $x \in X$, 则有 $y = Ax \in Y$, 于是 $CAx = Cy \in Z$, 且

$$\|CAx\| \leqslant \|C\|\|Ax\| \leqslant \|C\|\|A\|\|x\|$$

所以 $\|CA\| \leqslant \|C\|\|A\|$. □

令 $\rho(A,B) = \|A - B\|$, 则 ρ 为 $\mathcal{B}(X,Y)$ 上的距离, 因此 $\mathcal{B}(X,Y)$ 是一个度量空间.

命题 2.8 令 A 是 X 到 Y 上的线性算子, 则以下命题等价:

(1) A 是连续的;

(2) A 在 $x=0$ 处连续;

(3) A 是有界的.

证明 (1)⇒(2) 显然.

欲证 (2)⇒(3). 由 A 在 $x=0$ 处连续, 存在 $\delta>0$, 当 $\|x\|<\delta$, 有 $\|Ax\|<1$. 对任意的 $x\in X$ 和 $\varepsilon>0$, 有

$$\left\|\frac{\delta x}{\|x\|+\varepsilon}\right\|<\delta$$

所以

$$\|Ax\|\left(\frac{\delta}{\|x\|+\varepsilon}\right)=\left\|A\left(\frac{\delta x}{\|x\|+\varepsilon}\right)\right\|<1$$

即

$$\|Ax\|\leqslant\frac{1}{\delta}(\|x\|+\varepsilon)$$

考虑到 $\varepsilon>0$ 的任意性, 有

$$\|Ax\|\leqslant\frac{1}{\delta}\|x\|$$

接下来证 (3)⇒(1). 对于 X 中的任意点列 $\{x_n\}$, $x_n\to x$, 由于 $A\in\mathcal{B}(X,Y)$, 存在常数 $c\geqslant 0$ 使得

$$\|A(x_n-x)\|\leqslant c\|x_n-x\|\to 0$$

则有 $Ax_n\to Ax$. □

命题 2.9 设 $A\in\mathcal{B}(X,Y)$, 则

$$\begin{aligned}\|A\|&=\sup\{\|Ax\|:\|x\|\leqslant 1\}\\&=\inf\{c>0:\|Ax\|\leqslant c\|x\|\}\end{aligned}\tag{2.10}$$

证明 首先记

$$\alpha_1=\sup\left\{\frac{\|Ax\|}{\|x\|}:x\neq 0\right\}=\sup\{\|Ax\|:\|x\|=1\}$$

$$\alpha_2=\sup\{\|Ax\|:\|x\|\leqslant 1\}$$

$$\alpha_3=\inf\{c>0:\|Ax\|\leqslant c\|x\|\}$$

显然 $\alpha_1 \leqslant \alpha_2$. 若对任意的 $x \in X$, 都有 $\|Ax\| \leqslant c\|x\|$, 当 $\|x\| \leqslant 1$ 时, 有 $\|Ax\| \leqslant c$, 表明 $\alpha_2 \leqslant \alpha_3$. 当 $x \neq 0$ 时, $\|Ax\| \leqslant \alpha_1\|x\|$, 视 α_1 为 α_3 定义中特殊的 c, 所以 $\alpha_3 \leqslant \alpha_1$. □

定理 2.10 设 X 是赋范线性空间, Y 是 Banach 空间, 则 $\mathcal{B}(X,Y)$ 按 $\|\cdot\|$ 构成一个 Banach 空间.

证明 已知 $\mathcal{B}(X,Y)$ 是赋范线性空间, 下证完备性. 设 $\{A_n\}$ 是一个基本列, 则 $\forall \varepsilon>0, \exists N=N(\varepsilon)$, 使得 $\forall x \in X$, 有

$$\|A_{n+p}x - A_n x\| \leqslant \varepsilon\|x\|, \quad \forall p \in \mathbb{N}, \quad n > N$$

于是 $A_n x \to y \in Y$. 记 $y = Ax$, 则易见 A 是线性的且 $A_n \to A$. 兹证 $A \in \mathcal{B}(X,Y)$. 事实上, $\exists n \in \mathbb{N}$, 使得

$$\|Ax\| = \|y\| \leqslant \|A_n x\| + 1 \leqslant (\|A_n\| + 1)\|x\|, \quad \forall x \in X, \quad \|x\| = 1$$

立即得 $\|A\| \leqslant \|A_n\| + 1$, 因而 $A \in \mathcal{B}(X,Y)$. □

2.2.2 线性泛函

线性泛函 $f: X \to \mathbb{K}$ 是有界的, 如果存在常数 $c \geqslant 0$ 使得

$$|f(x)| \leqslant c\|x\|, \quad \forall x \in X$$

有界泛函 f 的范数为

$$\begin{aligned}\|f\| &= \sup\left\{\frac{|f(x)|}{\|x\|} : x \neq 0\right\} \\ &= \sup\{|f(x)| : \|x\| = 1\} \\ &= \sup\{|f(x)| : \|x\| \leqslant 1\} \\ &= \inf\{c > 0 : |f(x)| \leqslant c\|x\|\}\end{aligned}$$

设 X 是数域 $\mathbb{K}$ 上的一个赋范线性空间, X 上的所有连续线性泛函组成的线性空间 $X^* = \mathcal{B}(X, \mathbb{K})$, 由定理 2.10, 由于 $\mathbb{K}$ 是 Banach 空间, 则 X^* 按 $\|f\|$ 定义的距离, 构成一个 Banach 空间, 称为 X 的共轭空间.

命题 2.11 令 f 是 Banach 空间 X 上的泛函, 则以下命题等价:

(1) f 在任意点连续;

(2) f 在 $x = 0$ 处连续;

(3) f 有界.

全空间可由其中的单位球生成, 相比于全空间的球, 任何真子空间都是平的.

定理 2.12 (Riesz 引理) 设 M 是赋范线性空间 X 的子空间, 且 $M \neq X$, 则对任给的正数 $\varepsilon < 1$, 都有 $x_\varepsilon \in X$, 使得 $\|x_\varepsilon\| = 1$, 且

$$\rho(x_\varepsilon, M) := \inf_{x \in M} \|x - x_\varepsilon\| \geqslant 1 - \varepsilon$$

证明 取定 $x_0 \in X \backslash M$. 因为 M 是闭的, x_0 在 M 的外部, 所以 $\rho(x_0, M) = d > 0$. 对任给的 $0 < \varepsilon < 1$, 存在 $y_0 \in M$, 使

$$d \leqslant \|x_0 - y_0\| \leqslant \frac{d}{1 - \varepsilon}$$

令

$$x_\varepsilon = \frac{x_0 - y_0}{\|x_0 - y_0\|}$$

则 $x_\varepsilon \in X$, $\|x_\varepsilon\| = 1$, 且对任意的 $x \in M$,

$$\begin{aligned} \|x - x_\varepsilon\| &= \|x - \frac{x_0 - y_0}{\|x_0 - y_0\|}\| \\ &= \frac{\|(x\|x_0 - y_0\| + y_0) - x_0\|}{\|x_0 - y_0\|} \\ &\geqslant \frac{d}{\|x_0 - y_0\|} \geqslant 1 - \varepsilon \end{aligned}$$

其中用到 $x\|x_0 - y_0\| + y_0 \in M$. □

形象地说, 任意大的真子空间永远装不下一个任意小的球. 如图 2.1 所示, Reisz 引理可理解为在单位球上寻找远离 M 的点 x_ε.

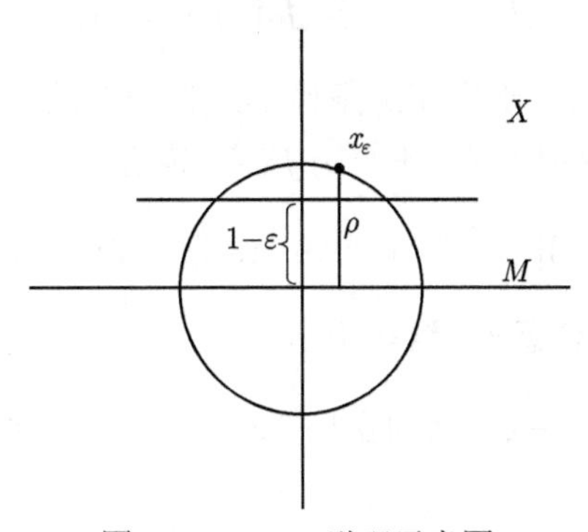

图 2.1 Riesz 引理示意图

习 题 2.2

2.2.1. 设线性算子 $T: L[a,b] \to C[a,b]$, 定义为 $(Tf)(x) = \int_a^x f(t)dt$. 证明: $\|T\| = 1$.

2.2.2. 定义 $T: c_0 \to l^1$(c_0 的定义见习题 2.1.3), 当 $Tx = y, x = \{x_n\}_{n=1}^{\infty}$ 时, $y = (\alpha_1 x_1, \alpha_2 x_2, \cdots)$, 其中 $\alpha = \sum_{n=1}^{\infty} |\alpha_n| < \infty, \alpha_n \in \mathbb{K}$, 求 $\|T\|$.

2.2.3. 证明由定积分 $f(x) = \int_a^b x(t)dt$ 定义的 $f: C[a,b] \to \mathbb{R}$ 是有界线性泛函, 并且 $\|f\| = b - a$.

2.2.4. 求 $L^2[0,1]$ 上的泛函 $f(x) = \int_0^1 x(t^2)\sqrt{t}dt$ 的范数.

2.3 泛函延拓定理

如下是实的 Hahn-Banach 定理.

定理 2.13 (实保范延拓定理) 设 X 是实赋范线性空间, X_0 是 X 的线性子空间. 若 f_0 是定义在 X_0 上实的有界线性泛函, 则 f_0 可以延拓到整个空间 X 上且保持范数不变. 就是说, X 上存在有界线性泛函 f 满足:

(a) (延拓条件)$f(x) = f_0(x)$, $\forall x \in X_0$;

(b) (保范条件)$\|f\| = \|f_0\|_{X_0}$.

证明 任取 $y_1 \in X \setminus X_0$. 记 $X_1 = \{x + \alpha y_1 : x \in X_0, \alpha \in \mathbb{R}\}$. 再任取 $y_2 \in X \setminus X_1$. 记 $X_2 = \{x + \alpha y_2 : x \in X_1, \alpha \in \mathbb{R}\}$. 依此类推, 可定义 $X_n (n = 2, 3, \cdots)$.

(1) 首先直接将 f_0 延拓成 X_1 上的线性泛函 f_1: $\forall x \in X_0, \alpha \in \mathbb{R}$,

$$f_1(x + \alpha y_1) = f_0(x) + \alpha f_1(y_1) \tag{2.11}$$

该定义的合理性在于, 如何确定满足条件 (a) 和 (b) 的 $f_1(y_1)$. 由 $\alpha = 0$ 可以验证延拓条件 (a) 成立, 要使保范条件 (b) 成立, 需保证

$$|f_1(x + \alpha y_1)| \leqslant \|f_0\|_{X_0} \|x + \alpha y_1\|, \quad \forall x \in X_0, \quad \alpha \neq 0 \tag{2.12}$$

由范数的齐次性和 x 的任意性, 这等价于

$$|f_1(x + y_1)| \leqslant \|f_0\|_{X_0} \|x + y_1\|, \quad \forall x \in X_0$$

也就是

$$-\|f_0\|_{X_0} \|x + y_1\| \leqslant f_1(x + y_1) \leqslant \|f_0\|_{X_0} \|x + y_1\|, \quad \forall x \in X_0$$

等价于

$$\begin{aligned} f_1(x'+y_1) &\leqslant \|f_0\|_{X_0}\|x'+y_1\|, \quad \forall x' \in X_0 \\ f_1(x''-y_1) &\leqslant \|f_0\|_{X_0}\|x''-y_1\|, \quad \forall x'' \in X_0 \end{aligned} \tag{2.13}$$

等价于

$$\begin{aligned} &f_0(x'') - \|f_0\|_{X_0}\|x''-y_1\| \leqslant f_1(y_1) \\ \leqslant& -f_0(x') + \|f_0\|_{X_0}\|x'+y_1\|, \quad \forall x', x'' \in X_0 \end{aligned} \tag{2.14}$$

(其中用到了延拓条件). 为了能取到这样的 $f_1(y_1)$, 需要保证

$$\begin{aligned} &\sup_{x''\in X_0}\{f_0(x'') - \|f_0\|_{X_0}\|x''-y_1\|\} \\ \leqslant& \inf_{x'\in X_0}\{-f_0(x') + \|f_0\|_{X_0}\|x'+y_1\|\} \end{aligned} \tag{2.15}$$

然而上式是可以保证成立的, 实际上, 它来自于, 对 $\forall x', x'' \in X_0$ 都有

$$\begin{aligned} &f_0(x'+x'') \leqslant \|f_0\|_{X_0}\|x'+x''\| \\ \leqslant& \|f_0\|_{X_0}\|x'+y_1\| + \|f_0\|_{X_0}\|x''-y_1\| \end{aligned} \tag{2.16}$$

至此, 可取 $f_1(y_1)$ 为(2.15)两端之间的任意值, 不妨取为中间值. 定义(2.11)保证了延拓条件 (也就是 $\alpha=0$ 的情形), 往证 $\|f_1\| = \|f_0\|_{X_0}$. 一方面, 由于

$$|f_0(x)| = |f_1(x)| \leqslant \|f_1\|\|x\|, \quad \forall x \in X_0$$

知 $\|f_0\|_{X_0} \leqslant \|f_1\|$ 成立. 另一方面, 根据 $f_1(y_1)$ 的取法知(2.14)成立, 也就是(2.12)成立, 这表明 $\|f_1\| \leqslant \|f_0\|_{X_0}$, 故得 $\|f_1\| = \|f_0\|_{X_0}$.

依次可将 f_n 延拓成 X_{n+1} 上的线性泛函 f_{n+1} 且 $X_0 \subset X_n \subset X_{n+1} \subset X$.

(2) 考虑将 f_0 延拓到整个 X 上. 定义

$$\mathcal{F} = \{(X_\Delta, f_\Delta)|\mathcal{C}\} \tag{2.17}$$

其中的条件

$$\mathcal{C} = \{X_0 \subset X_\Delta \subset X, \|f_\Delta\|_{X_\Delta} = \|f_0\|_{X_0}, f_\Delta(x) = f_0(x)(\forall x \in X_0)\}$$

在 $\mathcal{F}$ 引入序关系: $(X_1, f_1) \prec (X_2, f_2)$ 是指, $X_1 \subset X_2$ 且 $f_2(x) = f_1(x)(\forall x \in X_1)$, 由 (1) 知 $\mathcal{F}$ 为半序集. 取 $\mathcal{F}$ 中的全序子集 S, 考虑集合

$$X_S = \bigcup\{X_\Delta : (X_\Delta, f_\Delta) \in S\}$$

并令

$$f_S(x) = f_\Delta(x)(\text{当}x \in X_\Delta, (X_\Delta, f_\Delta) \in S\text{时})$$

由于 S 是全序集, 可证 $X_S \supset X_0$, f_S 在 X_S 上唯一确定, 并满足 $\|f_S\| = \|f_0\|_{X_0}$. 于是 $(X_S, f_S) \in \mathcal{F}$, 并且是 S 的一个上界. 由 Zorn 引理, $\mathcal{F}$ 本身有最大元, 设为 $(X_\wedge, f_\wedge)$. 兹证 $X_\wedge = X$. 否则, 根据 (1) 的证明, 可以构造 $(\tilde{X}_\wedge, \tilde{f}_\wedge) \in \mathcal{F}$ 使得 $X_\wedge$ 为 $\tilde{X}_\wedge$ 的真子集. 这与 $(X_\wedge, f_\wedge)$ 为最大元矛盾. 于是 $X_\wedge = X$, 所求 f 取为 $f_\wedge$ 即可. □

如下是复的 Hahn-Banach 定理.

定理 2.14 (复保范延拓定理) 设 X 是复赋范线性空间, X_0 是 X 的线性子空间. 若 f_0 是定义在 X_0 上有界线性泛函, 则 f_0 可以延拓到整个空间 X 上且保持范数不变. 就是说, X 上存在有界线性泛函 f 满足:

(a) (延拓条件)$f(x) = f_0(x)$, $\forall x \in X_0$;

(b) (保范条件)$\|f\| = \|f_0\|_{X_0}$.

证明 因为复赋范线性空间上的复函数, 可以看成实赋范线性空间上的复函数. 可将 X 看成实线性空间, 相应地将 X_0 看成实线性子空间, 令

$$g_0(x) = \mathrm{Re} f_0(x), \quad \forall x \in X_0$$

由于 $|\mathrm{Re} f_0(x)| \leqslant |f_0(x)|$, 故 $\|\mathrm{Re} f_0\|_{X_0} \leqslant \|f_0\|$. 由定理 2.13, 存在 X 上的实线性泛函 g 使得

$$g(x) = g_0(x), \quad \forall x \in X_0 \tag{2.18}$$

$$\|g\| = \|\mathrm{Re} f_0\|_{X_0} \tag{2.19}$$

现令 $f(x) = g(x) - \mathrm{i}g(\mathrm{i}x)$, $\forall x \in X$. 由等式(2.18), $\forall x \in X_0$, 有

$$\begin{aligned} f(x) &= g_0(x) - \mathrm{i}g_0(\mathrm{i}x) = \mathrm{Re} f_0(x) - \mathrm{i}\mathrm{Re} f_0(\mathrm{i}x) \\ &= \mathrm{Re} f_0(x) + \mathrm{i}\mathrm{Im} f_0(x) = f_0(x) \end{aligned}$$

下证 X 上保范条件成立. 易见 $\|f\| \geqslant \|f_0\|_{X_0}$. 当 $f(x) \neq 0$ 时, 记 $\theta = \arg f(x)$, 那么依关系(2.18), $\forall x \in X$, 有

$$\begin{aligned} &|f(x)| = \mathrm{e}^{-\mathrm{i}\theta} f(x) = f(\mathrm{e}^{-\mathrm{i}\theta} x) = g(\mathrm{e}^{-\mathrm{i}\theta} x) \\ &\leqslant \|g\| \|\mathrm{e}^{-\mathrm{i}\theta} x\| \leqslant \|f_0\|_{X_0} \|x\| \end{aligned}$$

(其中第三个等式成立是因为正数 $f(\mathrm{e}^{-\mathrm{i}\theta} x) = |f(x)|$ 的虚部为零), 所以 $\|f\| \leqslant \|f_0\|_{X_0}$. □

延拓定理可将一点的范数构造为全空间的一个泛函使用.

推论 2.15 设 X 是赋范线性空间, 对任意的非零 $x_0 \in X$, 必存在 $f \in X^*$ 满足:

$$f(x_0) = \|x_0\|, \quad \|f\| = 1$$

证明 对任意的非零 $x_0 \in X$, 在 X 的一维线性子空间 $X_0 = \{\lambda x_0 | \lambda \in \mathbb{C}\}$ 上, 定义算子

$$f_0(\lambda x_0) = \lambda \|x_0\|$$

显然 $f_0(x_0) = \|x_0\|$, 可验证它是 X_0 上的线性泛函. 还可验证 $\|f_0\|_{X_0} = \sup\left\{\dfrac{|f_0(\lambda x_0)|}{\|\lambda x_0\|}\right\} = \sup\left\{\dfrac{|\lambda|\|x_0\|}{|\lambda|\|x_0\|}\right\} = 1$. 依延拓定理 2.13, f_0 可延拓到整个空间 X 上, 并保持其范数不变, 于是得到一个满足结论的有界泛函 f. □

设 X 是赋范线性空间, 对于某 $f \in X^*$, 若 $\forall x \in X, f(x) = 0$, 则称 $f = 0$, 以下推论则提供了一个对偶的性质, 可用于判断向量为零.

推论 2.16 设 X 是赋范线性空间, $x_0 \in X$. 则 $x_0 = 0$ 的充要条件是: $\forall f \in X^*, f(x_0) = 0$.

证明 必要条件是显然的. 反设充分条件不成立, 也就是 $\forall f \in X^*, f(x_0) = 0$, 但 $x_0 \neq 0$. 由推论 2.15 知, 对于 $x_0 \neq 0$ 必存在 $f \in X^*, f(x_0) = \|x_0\| \neq 0$, 矛盾. □

从三维空间的一点总可以向其线性真子空间的法向投影, 如下定理可以认为是无限维情形.

定理 2.17 设 X 是实赋范线性空间, M 是 X 的线性子空间. 若 $x_0 \notin M$, 且

$$d = \rho(x_0, M) > 0 \tag{2.20}$$

则必存在 $f \in X^*$ 适合下面条件:

(1) $f(x) = 0, \ \forall x \in M$;

(2) $f(x_0) = d$;

(3) $\|f\| = 1$.

证明 考虑

$$X_0 = \{y + \lambda x_0 | y \in M, \lambda \in \mathbb{K}\}$$

在 X_0 上定义

$$f_0(y + \lambda x_0) = \lambda d \tag{2.21}$$

显然, f_0 适合条件 (1) 和 (2). 又

$$|f_0(y+\lambda x_0)| = |\lambda| d \leqslant |\lambda| \left\| x_0 - \left(-\frac{1}{\lambda}y\right)\right\| = \|y+\lambda x_0\|$$

因此 $\|f_0\| \leqslant 1$. 依保范延拓定理, 将 f_0 可保范延拓为 $f \in X^*$, 便有 f 满足 (1)、(2) 和 $\|f\| \leqslant 1$.

兹证 $\|f\| \geqslant 1$. 按下确界的定义, $\exists x_n \in M$ 使得

$$\rho(x_0, M) \leqslant \rho(x_0, x_n) \leqslant \rho(x_0, M) + \frac{1}{n}$$

因此

$$|f(x_0)| = |f(x_0 - x_n)| \leqslant \|f\| \|x_0 - x_n\| \leqslant \|f\| \left(\rho(x_0, M) + \frac{1}{n}\right)$$

令 $n \to \infty$, 由于 $f(x_0) = d$, 即得 $\|f\| \geqslant 1$. □

在解析几何中的例子如图 2.2.

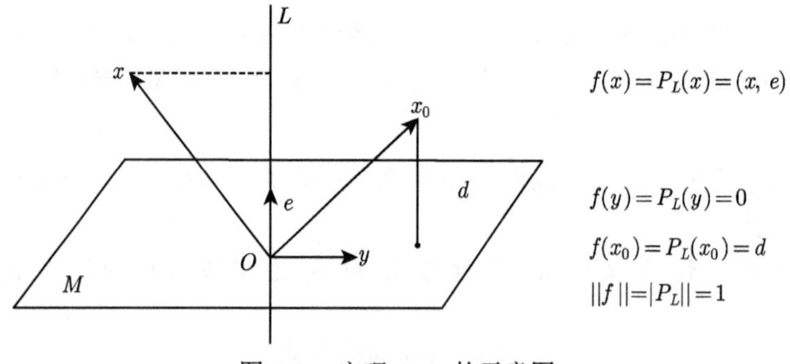

图 2.2 定理 2.17 的示意图

推论 2.18 在定理 2.17 的条件下, 结论可改为, 必存在 $f \in X^*$ 适合下面条件:

(1) $f(x) = 0, \ \forall x \in M$;

(2) $f(x_0) = 1$;

(3) $\|f\| = \dfrac{1}{d}$.

推论 2.19 给定赋范线性空间 X 中的线性子流形 E, 有以下结论成立.

$$x_0 \in \bar{E} \Longleftrightarrow \text{对任给的} f \in X^*, \text{若} f(x) = 0 \text{对} \forall x \in E \text{成立, 则} f(x_0) = 0$$

证明 $\bar{E}$ 是子空间, 由定理 2.17 知,

$$x_0 \notin \bar{E} \iff \text{存在满足} f(x) = 0\ \forall x \in \bar{E} \text{ 的 } f \in X^*,\ \text{使得} f(x_0) \neq 0$$

因此

$$x_0 \in \bar{E} \iff \text{对任给的满足} f(x) = 0\ \forall x \in \bar{E} \text{ 的} f \in X^*,\ \text{都有} f(x_0) = 0$$

考虑到 f 的连续性

$$f(x) = 0\ \forall x \in \bar{E} \iff f(x) = 0\ \forall x \in E$$

故结论成立. □

2.4 有限维赋范线性空间

设 X 与 Y 是同一数域 $\mathbb{K}$ 上的赋范线性空间, T 是 X 到 Y 的线性同构映射, 且 T 与 T^{-1} 都连续, 则称 X 与 Y **线性拓扑同构**.

定理 2.20 数域 $\mathbb{K}$ 上的任何 n 维赋范线性空间 X 都和空间 $\mathbb{K}^n$ 是线性拓扑同构的, 任何相同维数有限维空间都是线性拓扑同构的.

证明 (1) 通过(2.3), 可验证映射 $T: x \mapsto \xi$ 是 X 到 $\mathbb{K}^n$ 上的线性同构映射.

(2) 由(2.6)知

$$\|T^{-1}\xi\| \leqslant c_1\|x\|$$

故 T^{-1} 是有界的, 因而是连续的. 由(2.7)知

$$\|Tx\| \leqslant \frac{1}{c_2}\|x\|$$

T 是连续的.

综合 (1) 和 (2), T 是线性同胚映射. 任何 n 维赋范线性空间都和 $\mathbb{K}^n$ 是线性拓扑同构的, 由此可证第二个结论成立. □

注 2.5 实 (或复) 数域上的 n 维赋范线性空间都和空间 $\mathbb{R}^n$(或 $\mathbb{C}^n$) 是线性拓扑同构的, 因而具有相同的拓扑性质.

注 2.6 有限维赋范线性空间都是完备的, 因而是 Banach 空间.

设 X 是数域 $\mathbb{K}$ 上的线性空间, 集合 $A = \{x_k : x_k \in X, k \in K\}$ 的有限线性组合组成的集合称为 A 的线性包, 记为 $\mathrm{span}(A)$.

以下性质是有限维赋范空间的独有特性.

定理 2.21 赋范线性空间 X 是有限维的等价条件是, X 的有界闭集是紧集.

证明　必要性. 设 X 是赋范空间, 则它与 $\mathbb{K}^n$ 空间是代数拓扑同构的, 而 $\mathbb{K}^n$ 上的有界闭集是紧集, 所以 X 上的有界闭集也是紧集.

充分性. X 的有界闭集是紧集, 则 X 上的单位球面 S_1 是列紧的. 倘若在 S_1 上给了有限个线性无关的向量 $\{x_1, \cdots, x_n\}$, 如果它们的线性包 M_n 张不满 X, 由定理 2.12 (Riesz 引理) 知, 存在 $x_{n+1} \in S_1$, 使得

$$\|x_{n+1} - x_i\| \geqslant \frac{1}{2}, \quad i = 1, 2, \cdots, n$$

如果 X 是无穷维的, 照此下去, 可抽取 S_1 上的点列 $\{x_n\}$ 使其满足 $\|x_n - x_m\| \geqslant \frac{1}{2}(n \neq m)$. 这样 S_1 就非列紧了, 因此 X 是有限维空间. □

由高等代数的知识可知, 有限维空间之间的线性变换 $\mathcal{A}: X \mapsto Y$ 和某矩阵 A 对应, 也就是

$$\mathcal{A}x = Ax$$

因此常将矩阵 A 直接当成算子.

下面讨论 $\mathbb{R}^n$ 空间上的向量范数和 $\mathbb{R}^{n\times n}$ 空间上的矩阵范数.

在 $\mathbb{R}^n$ 空间, 可以定义向量的 p 范数

$$\|x\|_p = \left(\sum_{i=1}^{n} |x_i|^p\right)^{\frac{1}{p}}, \quad 1 \leqslant p < \infty$$

$$\|x\|_\infty = \lim_{p\to\infty} \|x\|_p = \max_{1\leqslant j\leqslant n} \{|x_j|\}$$

$\mathbb{R}^{n\times n}$ 中的矩阵 A, 可以看成 $\mathcal{B}(\mathbb{R}^n)$ 中的算子. 矩阵 A 的 p 范数就是

$$\|A\|_p = \max_{\|x\|_p=1} \|Ax\|_p$$

由习题 2.4.1 知, 当 $p = 1, 2, \infty$ 时分别有

$$\|A\|_1 = \max_{1\leqslant j\leqslant n} \sum_{i=1}^{n} |a_{ij}| \quad \text{(列和范数)}$$

$$\|A\|_2 = \left(\lambda_{\max}(A^{\mathrm{T}}A)\right)^{\frac{1}{2}} \quad \text{(谱范数)}$$

$$\|A\|_\infty = \max_{1\leqslant i\leqslant n} \sum_{j=1}^{n} |a_{ij}| \quad \text{(行和范数)}$$

都是算子范数.

A 的 Frobenius 范数

$$\|A\|_{\mathrm{F}}=\left(\operatorname{tr}(A^{\mathrm{T}}A)\right)^{\frac{1}{2}}=\left(\sum_{i=1}^{n}\sum_{j=1}^{n}|a_{ij}|^2\right)^{\frac{1}{2}}$$

不是算子范数.

设 X 是定义在 $\mathbb{R}$ 上的 n 维向量空间, 引入 X 的复数化空间

$$X_C=\{x+\mathrm{i}y: x,y\in X\}$$

若 $\{e_1,\cdots,e_n\}$ 是 X 的基, 则

$$X=\operatorname{span}\{e_1,\cdots,e_n\}$$

其中数乘的系数是实数, 而

$$X_C=\operatorname{span}\{e_1,\cdots,e_n\}$$

其中数乘的系数是复数, 因此

$$d(X)=d(X_C)$$

这说明 X_C 是 $\mathbb{C}$ 上的 n 维向量空间, 特别地

$$d(\mathbb{R}^n)=d(\mathbb{C}^n)=n$$

习 题 2.4

2.4.1 证明矩阵 $A_{n\times n}$ 的如下范数:

$$\|A\|_1=\max_{1\leqslant j\leqslant n}\sum_{i=1}^{n}|a_{ij}| \quad (\text{列和范数})$$

$$\|A\|_2=\left(\lambda_{\max}(A^{\mathrm{T}}A)\right)^{\frac{1}{2}} \quad (\text{谱范数})$$

$$\|A\|_\infty=\max_{1\leqslant i\leqslant n}\sum_{j=1}^{n}|a_{ij}| \quad (\text{行和范数})$$

第 3 章　Hilbert 空间理论

数学中, Hilbert 空间是欧氏空间向无限维空间的一个推广, 其上保留了欧氏空间中内积概念, 因而就有了距离和夹角的概念. Hilbert 空间为基于任意正交系上的多项式表示的傅里叶级数和傅里叶变换提供了一种有效的表述方式, 是泛函分析的核心概念之一, 也是量子力学的关键性概念之一.

3.1　内 积 空 间

本节引入内积空间, 并通过内积引入范数, 使内积空间成为赋范空间.

记 $\mathbb{K}$ 是一般数域, 可以是复数域 $\mathbb{C}$ 或实数域 $\mathbb{R}$.

定义 3.1　设 X 是域 $\mathbb{K}$ 上的线性空间, X 上的一个二元函数 $(\cdot,\cdot):X\times X\to\mathbb{K}$ 是一个内积, 如果

(1) (共轭双线性)$(\alpha x+\beta y,z)=\alpha(x,z)+\beta(y,z)$,

$(x,\alpha y+\beta z)=\bar{\alpha}(x,y)+\bar{\beta}(x,z)$;

(2) (正定性)$(x,x)\geqslant 0$, 且 $(x,x)=0\Leftrightarrow x=0$;

(3) (共轭对称性)$(x,y)=\overline{(y,x)}$

对所有的 $x,y,z\in X,\alpha,\beta\in\mathbb{K}$ 成立, 则 $(X,(\cdot,\cdot))$ 为内积空间.

若 $(x,y)=0$, 则称 x 与 y 正交, 记作 $x\perp y$.

设 A,B 是 X 的非空子集, 若 $\forall x\in A,y\in B$, 都有 $x\perp y$, 则称 A 与 B 正交, 记作 $A\perp B$.

集合 $\{x\in X:x\perp A\}$ 称为 A 的正交补, 记作 $A^{\perp}$. 易见 $A^{\perp}$ 是 X 的闭子空间.

定义 3.2　$\mathcal{E}=\{e_j\}_{j\in J}$ 是内积空间 X 中的一个子集. 若

$$(e_j,e_k)=\delta_{j_k}=\begin{cases}1, & j=k,\\ 0, & j\neq k\end{cases}$$

则称 $\mathcal{E}$ 为标准正交系; 若 $\mathcal{E}^{\perp}=\{0\}$, 称它是标准正交基.

在内积空间 $(X,(\cdot,\cdot))$ 上, 定义

$$\|x\|=(x,x)^{\frac{1}{2}}$$

我们将要证明它满足范数的三条公理.

首先易证如下勾股定理.

命题 3.1 (勾股定理) 若 $x_1 \perp x_2$, 则 $\|x_1\|^2 + \|x_2\|^2 = \|x_1 + x_2\|^2$.

引理 3.2 (Bessel 不等式 (有限维)) 令 $\mathcal{E} = \{e_j\}_{j=1}^N$ 是内积空间 X 中的一个标准正交系, 则 $\forall x \in X$, 有

$$\sum_{j=1}^N |(x, e_j)|^2 \leqslant \|x\|^2 \tag{3.1}$$

且

$$\sum_{j=1}^N |(x, e_j)|^2 + \left\| x - \sum_{j=1}^N (x, e_j) e_j \right\|^2 = \|x\|^2 \tag{3.2}$$

证明 将 x 表示成

$$x = \sum_{j=1}^N (x, e_j) e_j + \left(x - \sum_{j=1}^N (x, e_j) e_j \right) \tag{3.3}$$

通过验证

$$\begin{aligned}
&\left(\sum_{j=1}^N (x, e_j) e_j, x - \sum_{j=1}^N (x, e_j) e_j \right) \\
&= \left(\sum_{j=1}^N (x, e_j) e_j, x \right) - \left(\sum_{j=1}^N (x, e_j) e_j, \sum_{j=1}^N (x, e_j) e_j \right) \\
&= \sum_{j=1}^N (x, e_j)\,(e_j, x) - \sum_{j=1}^N (x, e_j) \overline{(x, e_j)} = 0
\end{aligned}$$

知(3.3) 等式右边的两项正交, 故有

$$\begin{aligned}
\|x\|^2 &= \left\| \sum_{j=1}^N (x, e_j) e_j \right\|^2 + \left\| x - \sum_{j=1}^N (x, e_j) e_j \right\|^2 \\
&= \sum_{j=1}^N |(x, e_j)|^2 + \left\| x - \sum_{j=1}^N (x, e_j) e_j \right\|^2
\end{aligned} \tag{3.4}$$

由上式易得(3.1). □

定理 3.3 (Cauchy-Schwarz 不等式) $\forall x, y \in X$, 都有

$$|(x,y)| \leqslant \|x\|\|y\| \tag{3.5}$$

等号成立当且仅当 x 与 y 线性相关.

证明 若 $y=0$, 结论显然成立. 假设 $y \neq 0$, 则 $\left\{\dfrac{y}{\|y\|}\right\}$ 是标准正交系, 由不等式(3.1), 有

$$\|x\|^2 \geqslant \left|\left(x, \frac{y}{\|y\|}\right)\right|^2 = \frac{|(x,y)|^2}{\|y\|^2}$$

由此即知所证结论成立. □

定理 3.4 (范数三公理) $\forall x, y \in X$, $\alpha \in C$, 都有

(1) $\|x\| \geqslant 0$, 且 $\|x\| = 0 \Leftrightarrow x = 0$;

(2) $\|\alpha x\| = |\alpha|\|x\|$;

(3) $\|x+y\| \leqslant \|x\| + \|y\|$.

证明 结论 (1) 和 (2) 显然成立, 仅证 (3). 对 $\forall x, y \in X$, 由内积定义和 Cauchy-Schwarz 不等式, 可知

$$\begin{aligned}
\|x+y\|^2 &= (x+y, x+y) = (x,x) + (x,y) + (y,x) + (y,y) \\
&= \|x\|^2 + 2\mathrm{Re}(x,y) + \|y\|^2 \\
&\leqslant \|x\|^2 + 2|(x,y)| + \|y\|^2 \\
&\leqslant \|x\|^2 + 2\|x\|\|y\| + \|y\|^2 = (\|x\| + \|y\|)^2
\end{aligned}$$

由此即知所证结论成立. □

例 3.1 $\mathbb{R}^n, \mathbb{C}^n$ 是内积空间, 它们的内积分别定义为

$$(x,y) = \sum_{i=1}^{n} x_i y_i, \quad \forall x, y \in \mathbb{R}^n$$

$$(x,y) = \sum_{i=1}^{n} x_i \overline{y_i}, \quad \forall x, y \in \mathbb{C}^n$$

其中 $x = (x_1, x_2, \cdots, x_n), y = (y_1, y_2, \cdots, y_n)$.

例 3.2 l^2 空间是内积空间, 规定内积

$$(x,y) = \sum_{i=1}^{\infty} x_i \overline{y_i}$$

其中 $x=(x_1,x_2,\cdots),y=(y_1,y_2,\cdots)\in l^2$.

例 3.3 设 $(X,\mathcal{F},\mu)$ 是一个测度空间, 记 $L^2(X,\mathcal{F},\mu)$ 为 X 上满足

$$\|f\|_2=\left(\int_X|f(x)|^2\ d\mu(x)\right)^{1/2}<\infty$$

的复值函数全体. 对于 $f,g\in L^2(X,\mathcal{F},\mu)$, 令

$$(f,g)=\int_X f(x)\overline{g(x)}d\mu(x)$$

由 Cauchy-Schwarz 不等式知, 上面等式右端的积分有意义, 因此 $(L^2(X,\mathcal{F},\mu),(\cdot,\cdot))$ 是一个内积空间.

本节的论述与证明沿以下顺序: 勾股定理 ⇒ 有限维 Bessel 不等式 ⇒Cauchy-Schwarz 不等式 ⇒ 范数三公理. 标准正交系起到了关键作用. 由此自然地引出疑问: 何时标准正交系成为标准正交基? Bessel 不等式的等号何时成立?

习 题 3.1

3.1.1. 设 X 是内积空间, 证明: $\|x\|=\|y\|\Rightarrow(x+y,x-y)=0$. 若 $X=\mathbb{R}^2$, 说明该式的几何意义; 若 $X=\mathbb{C}^2$, 该式又意味什么?

3.1.2. 设 X 是内积空间, $x_n\to x_0,y_n\to y_0(n\to\infty)$,

证明: (1) $\|x_n\|\to\|x_0\|(n\to\infty)$;

(2) $(x_n,y_n)\to(x_0,y_0)(n\to\infty)$;

(3) $x_n+y_n\to x_0+y_0(n\to\infty)$;

(4) 当 $\alpha_n,\alpha\in\mathbb{K}$ 且 $\alpha_n\to\alpha$ 时, $\alpha_n x_n\to\alpha x_0(n\to\infty)$.

3.1.3. 证明: 在空间 $C[a,b]$ 上, $\forall x,y\in C[a,b]$, 定义内积 $(x,y)=\int_a^b x(t)y(t)dt$, 则 $C[a,b]$ 构成一个内积空间.

3.2 标准正交基

在内积空间 $(X,(\cdot,\cdot))$ 上, 令

$$\rho(x,y)=\|x-y\|,$$

则 ρ 为 X 上的距离, 于是 $(X,(\cdot,\cdot),\rho)$ 是一个度量空间.

定义 3.3 若 $(X,(\cdot,\cdot),\rho)$ 是一个完备的度量空间, 就称此空间为 Hilbert 空间.

给定 Hilbert 空间 H, 对 $x, y \in H$, x 与 y 之间的夹角定义为

$$\theta = \arccos \frac{|(x,y)|}{\|x\|\|y\|} \tag{3.6}$$

A 与 A 的线性包满足, 对任意的 $x \in H$, 都有

$$x \perp A \Leftrightarrow x \perp \operatorname{span}(A)$$

定理 3.5 非零 Hilbert 空间 H 中必存在标准正交基.

证明 考虑 H 中一切标准正交系构成的族 $\mathcal{T}$(易证非空). 对 $S_1, S_2 \in \mathcal{T}$, 按包含关系, $\mathcal{T}$ 是部分有序集. 每个全序子集有上界, 就是这些集合的并. 根据 Zorn 引理, $\mathcal{T}$ 有极大元, 记作 $\mathcal{E}$, 便是正交基. 否则, 则必存在 $x_0 \in \mathcal{E}^{\perp}, x_0 \neq 0$, 则 $\mathcal{E}_1 = \mathcal{E} \cup \{x_0\}$ 是比 $\mathcal{E}$ 大的正交系, 因而矛盾. □

定理 3.6 (Bessel 不等式) 令 $\mathcal{E} = \{e_j\}_{j\in\Lambda}$ 是 Hilbert 空间 H 中的一个标准正交系, 则 $\forall x \in H$, 有

$$\sum_{j\in\Lambda} |(x, e_j)|^2 \leqslant \|x\|^2 \tag{3.7}$$

而且 $\sum_{j\in\Lambda}(x, e_j)e_j \in H$,

$$\sum_{j\in\Lambda} |(x, e_j)|^2 + \left\| x - \sum_{j\in\Lambda}(x, e_j)e_j \right\|^2 = \|x\|^2 \tag{3.8}$$

证明 对于 Λ 的任意有限子集 $\{e_j\}_{1\leqslant j\leqslant n}$, 由引理 3.2 知

$$\sum_{j=1}^{n} |(x, e_j)|^2 \leqslant \|x\|^2 \tag{3.9}$$

对任意的 n, 满足 $|(x, e_j)| > \dfrac{1}{n}$ 的指标 $j \in \Lambda$ 至多为有限个 (否则由(3.9)知 $\|x\|^2 = \infty$), 这说明使 $(x, e_j) \neq 0$ 的指标 $j \in \Lambda$ 至多为可数个, 设为 $1, 2, \cdots, n, \cdots$, 由(3.9)可以推出

$$\sum_{j\in\Lambda} |(x, e_j)|^2 = \lim_{n\to\infty} \sum_{j=1}^{n} |(x, e_j)|^2 \leqslant \|x\|^2 \tag{3.10}$$

考察级数

$$\sum_{j\in\Lambda}(x, e_j)e_j = \sum_{j=1}^{\infty}(x, e_j)e_j \tag{3.11}$$

因为

$$\left\|\sum_{j=m}^{m+p}(x,e_j)e_j\right\|^2=\sum_{j=m}^{m+p}|(x,e_j)|^2\to 0\quad(m\to\infty,\forall p)$$

说明 $x_n=\sum_{j=1}^{n}(x,e_j)e_j$ 是基本列, 收敛于 x_0, 从而

$$\sum_{j\in\Lambda}(x,e_j)e_j=\sum_{j=1}^{\infty}(x,e_j)e_j=x_0\in H \tag{3.12}$$

由于 $x-\sum_{j=1}^{\infty}(x,e_j)e_j$ 与 $\sum_{j=1}^{\infty}(x,e_j)e_j$ 是垂直的, 因此根据命题 3.1, 可知

$$\left\|x-\sum_{j=1}^{\infty}(x,e_j)e_j\right\|^2=\|x\|^2-\sum_{j=1}^{\infty}|(x,e_j)|^2 \tag{3.13}$$

□

称 Bessel 不等式等号成立时的等式为 Parseval 等式, 即

$$\|x\|^2=\sum_{j}|(x,e_j)|^2 \tag{3.14}$$

以下定理给出的是 Bessel 不等式等号成立的充要条件: 标准正交系成为标准正交基.

定理 3.7 令 $\mathcal{E}=\{e_j\}$ 是 Hilbert 空间 H 中的一个标准正交系, 则以下三条命题等价:

(1) 对任意的 $x\in H$ 都有

$$x=\sum_{j}(x,e_j)e_j \tag{3.15}$$

(2) $\mathcal{E}$ 为 H 中的一个标准正交基;

(3) Parseval 等式成立.

证明 (1)⇒(2). 任取 $y\in\mathcal{E}^{\perp}$, 即对任意的 j 有 $(y,e_j)=0$. 由于

$$y=\sum_{j}(y,e_j)e_j=0$$

故说明 $\mathcal{E}$ 是标准正交基.

(2)⇒(3). 对任意的 $x\in H$, 令 $y=x-\sum_{j}(x,e_j)e_j\in H$, 由于

$$(y,e_j)=(x,e_j)-(x,e_j)\|e_j\|^2=0$$

知 $y\in\mathcal{E}^{\perp}$, 加上 $\mathcal{E}$ 是正交基, 我们得到 $y=0$. 将 $y=0$ 代入(3.8)可验证 Parseval 等式成立.

(3)⇒(1). 由(3.8) 和 Parseval 等式, 可知

$$\left\|x-\sum_j(x,e_j)e_j\right\|^2=\|x\|^2-\sum_j|(x,e_j)|^2=0$$

因此有

$$x=\sum_j(x,e_j)e_j$$

□

习 题 3.2

3.2.1. 设 $\{e_j\}$ 是内积空间 X 中的标准正交系, $x,y\in X$, 证明: $\sum_{j=1}^{\infty}|(x,e_j)(y,e_j)|\leqslant\|x\|\|y\|$.

3.2.2. 设 H 是 Hilbert 空间, $\mathcal{E}=\{e_j\}_{j=1}^{\infty}$ 是 H 中的标准正交系, $E=\overline{\mathrm{span}\mathcal{E}}$, 证明下列命题等价:

(1) $\mathcal{E}$ 是 H 中的标准正交基;

(2) $E=H$;

(3) $\forall x\in H$, 有 $x=\sum_{j=1}^{\infty}(x,e_j)e_j$.

3.3 Hilbert 空间的主要定理

3.3.1 正交分解定理

定理 3.8 (正交分解) 令 M 是 Hilbert 空间 H 的一个闭子空间, $\forall x\in H$, 存在唯一的正交分解

$$x=y+z,\quad y\in M,\quad z\in M^{\perp} \tag{3.16}$$

也就是

$$H=M\oplus M^{\perp}$$

证明 存在性. 由于 M 也是 Hilbert 空间, 根据定理 3.5, M 有一个标准正交基 $\{e_j\}_{j\in\Lambda}$. $\forall x\in H$, 根据定理 3.6, 最多只有可数个 $(x,e_j)\neq 0$, 设它们是 $\{(x,e_{j_k})\}_{k=1}^{\infty}$, 则对 $j\in\Lambda, j\neq j_k$, $(x,e_j)=0$. 令

$$y=\sum_{k=1}^{\infty}(x,e_{j_k})e_{j_k}$$

根据定理 3.6, 该级数收敛. 因为 M 是闭的, 故 $y\in M$. 再令 $z=x-y$, 则对任意的 $k=1,2,\cdots$, 有

$$\begin{aligned}(z, e_{j_k}) &= (x, e_{j_k}) - (y, e_{j_k}) \\ &= (x, e_{j_k}) - \left(\sum_{k=1}^{\infty}(x, e_{j_k})e_{j_k}, e_{j_k}\right) \\ &= (x, e_{j_k}) - (x, e_{j_k}) = 0\end{aligned}$$

而对 $j \in \Lambda, j \neq j_k$, 由于 $(x, e_j) = 0$,

$$\begin{aligned}(z, e_j) &= (x, e_j) - (y, e_j) \\ &= -\left(\sum_{k=1}^{\infty}(x, e_{j_k})e_{j_k}, e_j\right) = 0\end{aligned}$$

总之,

$$(z, e_j) = 0, \quad \forall j \in \Lambda$$

根据定理 3.6, 对任意的 $u \in M$, 都有 $u = \sum_{j\in\Lambda}(u, e_j)e_j$, 故 $(z, u) = 0$, 也就是说 $z \in M^{\perp}$, 因此

$$x = y + z, \quad y \in M, \quad z \in M^{\perp}$$

唯一性. 假设还有 $x = y' + z'$, $y' \in M$, $z' \in M^{\perp}$, 则有 $y - y' = z' - z (\in M \cap M^{\perp}) = \{0\}$. □

记定理 3.8 中的 $y = Px$, 于是 P 是 H 到 M 的一个映射, 称为 H 到 M 的正交投影算子 (如图 3.1), 由此可验证

$$\begin{aligned}Py &= y, \quad \forall y \in M \\ Pz &= 0, \quad \forall z \in M^{\perp}\end{aligned} \tag{3.17}$$

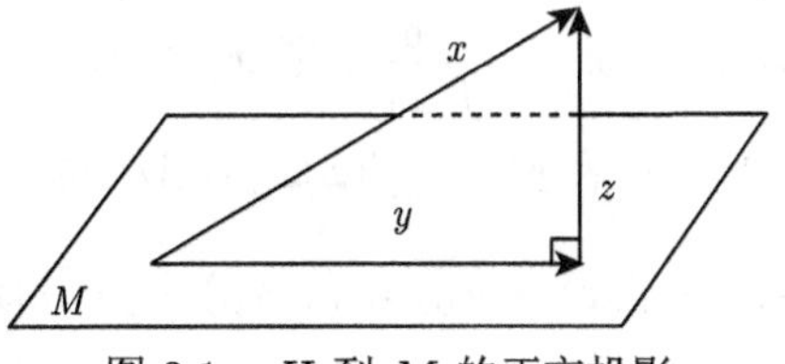

图 3.1 H 到 M 的正交投影

定理 3.9 令 M 是 Hilbert 空间 H 的一个闭子空间, 取一点 $x \in H$. 如果 $x_0 \in M$, 使得 $(x - x_0) \perp M$ 则 $\|x - x_0\| = d(x, M)$.

证明 显见 $\|x - x_0\| \geqslant d(x, M)$, 下证反向不等式成立. 对任意 $z \in M$, 因为 $x - z = (x - x_0) + (x_0 - z)$, 且 $(x - x_0) \perp M$, $(x_0 - z) \in M$, 由勾股定理得

$$\|x - z\|^2 = \|x - x_0\|^2 + \|x_0 - z\|^2 \geqslant \|x - x_0\|^2$$

考虑到 z 的任意性, 故有 $d(x,M) \geqslant \|x-x_0\|$. □

注 3.1 此定理说明了 Hilbert 空间中的正交投影与最佳逼近元的等价性与唯一性, 因此正交分解定理, 亦可称之为正交投影定理或最佳逼近定理.

3.3.2 泛函 Riesz 表示

给定 Hilbert 空间 H 上的线性泛函 $f: H \to \mathbb{K}$, 因此 f 满足

$$f(\alpha x+\beta y)=\alpha f(x)+\beta f(y), \quad \forall x,y \in H, \quad \alpha,\beta \in \mathbb{K} \tag{3.18}$$

H 上的连续线性泛函的全体 (也是有界线性泛函的全体) 用 H^* 表示, 易知 H^* 是一个线性空间.

定理 3.10 (Riesz 表示式) 令 f 是 Hilbert 空间 H 上的有界线性泛函, 则存在唯一的 $x_f \in H$ 使得对任意的 $x \in H$ 有

$$f(x)=(x,x_f)$$

而且 $\|f\|=\|x_f\|$. 于是由 f 到 x_f 给出了 H^* 到 H 的一个等距映射.

证明 记

$$M=\ker f=\{x \in H: f(x)=0\},$$

因为 f 是连续的, 则 M 是闭的 (这是因为: $\forall x \in M'$, $\exists \{x_n\} \subset M$ 使得 $x_n \to x$, 因为 f 是连续的, $f(x)=\lim_{x_n \to x} f(x_n)=0$, 所以 $x \in M$, 故 $M' \subset M$), 因而是 H 的子空间. 若 $M=H$, 则对任意的 $x \in H$, 都有 $f(x)=0=(x,0)$, 此时取 $x_f=0$. 不妨设 $M \neq H$, 则有 $h_0 \in H \setminus M$, 根据正交分解定理 (定理 3.8) 有

$$h_0=y_0+z_0, \quad y_0 \in M, \quad z_0 \in M^{\perp}$$

显然 $z_0 \neq 0$ 且 $f(z_0) \neq 0$, 令 $x_0=\dfrac{z_0}{f(z_0)}$, 则 $x_0 \in M^{\perp}$ 且 $f(x_0)=1$. 对任意的 $x \in H$, 有 $f(x-f(x)x_0)=0$, 表明 $x-f(x)x_0 \in M$, 也就是

$$0=(x-f(x)x_0,x_0)=(x,x_0)-f(x)\|x_0\|^2$$

则有

$$f(x)=\left(x,\frac{x_0}{\|x_0\|^2}\right)$$

可取 $x_f=\dfrac{x_0}{\|x_0\|^2}$.

若还有 $x_f' \in H$, 使得 $f(x)=(x,x_f')$, 则

$$(x,x_f-x_f')=0, \quad \forall x \in H.$$

对 $x = x_f - x'_f$ 也成立, 就可得到 $\|x_f - x'_f\| = 0$, 所以 $x_f = x'_f$.

由 Cauchy-Schwarz 不等式知

$$|f(x)| \leqslant \|x_f\| \|x\|$$

表明 $\|f\| \leqslant \|x_f\|$. 又因为 $f\left(\frac{x_f}{\|x_f\|}\right) = \left(\frac{x_f}{\|x_f\|}, x_f\right) = \|x_f\|$, 所以 $\|f\| = \sup\left\{f\left(\frac{x}{\|x\|}\right)\right\} \geqslant \|x_f\|$, 故可证 $\|f\| = \|x_f\|$. □

习 题 3.3

3.3.1. 设 M 和 N 是内积空间 H 的两个子集, 证明:

(1) 若 $M \perp N$, 则 $M \subset N^{\perp}$;

(2) 若 $M \subset N$, 则 $N^{\perp} \subset M^{\perp}$.

3.3.2. H 为 Hilbert 空间, 设 $M \subset H$, 若对于 $\forall x \in H$, 存在其投影 $x_0 \in M$, 证明: M 必为 H 的闭子空间.

3.3.3. 设 M 是 Hilbert 空间 H 的闭子空间, $x \in H$, 证明:

$$\min\{\|x - z\| | z \in M\} = \max\{|(x, y)| \, | y \in M^{\perp}, \|y\| = 1\}$$

3.4 Hilbert 空间上的主要算子

3.4.1 共轭算子

定义 3.4 若 H 和 K 是 Hilbert 空间, $u : H \times K \to \mathbb{K}$ 是共轭双线性形式, 是指: 对所有的 $x, y \in H, \omega, z \in K, \alpha, \beta \in \mathbb{K}$, 成立

$$\begin{aligned} u(\alpha x + \beta y, z) &= \alpha u(x, z) + \beta u(y, z) \\ u(x, \alpha z + \beta \omega) &= \bar{\alpha} u(x, z) + \bar{\beta} u(x, \omega) \end{aligned} \tag{3.19}$$

若存在常数 c, 使得

$$|u(x, z)| \leqslant c\|x\| \|z\|$$

对任意的 $x \in H, z \in K$ 成立, 则称 u 是有界的, c 是 u 的一个上界.

共轭双线性函数有内积表示式.

定理 3.11 设 $u : H \times K \to \mathbb{K}$ 是共轭双线性形式. 如果存在一个上界 c, 则存在唯一的 $A \in \mathcal{B}(H, K)$ 和 $B \in \mathcal{B}(K, H)$ 使得

$$u(x, y) = (Ax, y) = (x, By) \tag{3.20}$$

对任意的 $x \in H, y \in K$ 成立, 而且 $\|A\| \leqslant c, \|B\| \leqslant c$.

证明 对任意的 $x \in H$, 定义 K 上的线性泛函 $g(y) = \overline{u(x,y)}$. 由于 $|g(y)| \leqslant c\|x\|\|y\|$, 所以 $g \in K^*$, 则由 Riesz 表示定理, 存在唯一的 K 中的元素 w, 满足

$$\overline{u(x,y)} = g(y) = (y,w)$$

且有 $\|w\| = \|g\| \leqslant c\|x\|$. 令 $w = Ax$, 则易知 A 是线性算子, 又 $\|A\| \leqslant c$, 从而 $\overline{u(x,y)} = (y, Ax)$ 成立. 同理可证存在 $f \in H^*$ 和 $B \in \mathcal{B}(K,H)$ 使得 $u(x,y) = f(x) = (x, By)$ 成立. □

定义 3.5 对于 $A \in \mathcal{B}(H,K)$, 则在 $\mathcal{B}(K,H)$ 中存在唯一的算子 B, 使得对所有的 $x \in H, y \in K$, 都有

$$(x, By) = (Ax, y)$$

称 B 为 A 的 Hilbert 共轭算子, 记作 $B = A^*$, 因此

$$(x, A^*y) = (Ax, y) \tag{3.21}$$

Hilbert 共轭关系见图 3.2.

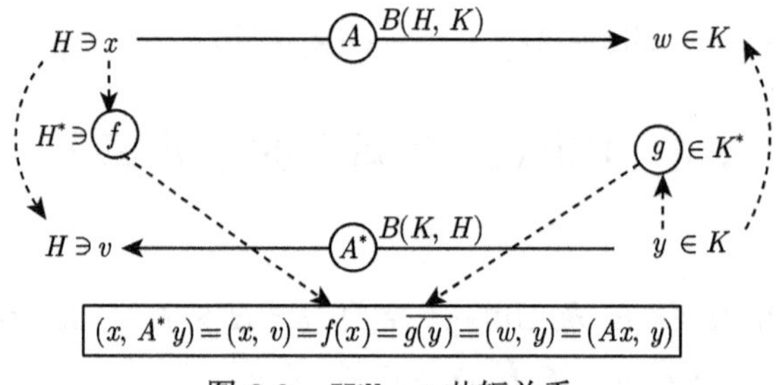

图 3.2 Hilbert 共轭关系

定理 3.12 若 $A, B \in \mathcal{B}(H)$, $\alpha, \beta \in \mathbb{K}$, 则

(1) $(\alpha A + \beta B)^* = \bar{\alpha}A^* + \bar{\beta}B^*$;

(2) $(AB)^* = B^*A^*$;

(3) $(A^*)^* = A$;

(4) $(A^*)^{-1} = (A^{-1})^*$(假设 A 可逆);

(5) $\|A^*\| = \|A\| = \|A^*A\|^{1/2}$.

证明 (1) 和 (2) 容易验证. 至于 (3), 对任意 $x, y \in H$, 由(3.21) 得

$$\begin{aligned}(x, (A^*)^* y) &= (A^*x, y) = \overline{(y, A^*x)} \\ &= \overline{(Ay, x)} = (x, Ay)\end{aligned}$$

故 $(A^*)^* = A$. 关于 (4). 对任意 $x, y \in H$,

$$(x, I^*y) = (Ix, y) = (x, y)$$

这说明对 H 上的恒等算子 I, 有 $I^* = I$. 由假设

$$AA^{-1} = A^{-1}A = I$$

根据前面的 (2),

$$A^*\left(A^{-1}\right)^* = \left(A^{-1}A\right)^* = I^* = I$$

$$\left(A^{-1}\right)^* A^* = \left(AA^{-1}\right)^* = I^* = I$$

知 A^* 有界可逆, 且

$$(A^*)^{-1} = \left(A^{-1}\right)^*$$

(5) 设 $x \in H, \|x\| \leqslant 1$, 由于

$$\begin{aligned} \|Ax\|^2 &= (Ax, Ax) = (A^*Ax, x) \\ &\leqslant \|A^*Ax\|\,\|x\| \leqslant \|A^*A\| \leqslant \|A^*\|\,\|A\| \end{aligned}$$

因此由

$$\|A\|^2 \leqslant \|A^*A\| \leqslant \|A^*\|\,\|A\|$$

得 $\|A\| \leqslant \|A^*\|$. 但是 $A^{**} = A$, 用 A^* 代替 A, 得 $\|A^*\| \leqslant \|A^{**}\| = \|A\|$. 故 $\|A\| = \|A^*\|$. 上述不等式列变成

$$\|A\|^2 \leqslant \|A^*A\| \leqslant \|A^*\|^2$$

定理得证. □

定理 3.13 如果 $A \in \mathcal{B}(H)$, 则 $\ker A = R(A^*)^{\perp}$.

证明 对任意的 $x \in \ker A, z \in R(A^*)$, 则 $Ax = 0, z = A^*y$, 故

$$(x, z) = (x, A^*y) = (Ax, y) = 0$$

所以 $\ker A \perp R(A^*)$. □

由于 $\ker A$ 是空间 H 的闭子空间, 则有空间分解

$$\begin{aligned} H &= \ker A \oplus (\ker A)^{\perp} \\ &= \ker A \oplus R(A^*) \end{aligned}$$

设 $(e_1, e_2, \cdots, e_n)$ 是 Hilbert 空间 H 的一组标准正交基, 算子 $\mathbb{A} \in \mathcal{B}(H)$ 在 $(e_1, e_2, \cdots, e_n)$ 下的矩阵为 $A = \{a_{ij}\}_{n\times n}$, 也就是

$$(\mathbb{A}e_1, \mathbb{A}e_2, \cdots, \mathbb{A}e_n) = (e_1, e_2, \cdots, e_n)A$$

则算子 $\mathbb{A}^* \in \mathcal{B}(H)$ 在 $(e_1, e_2, \cdots, e_n)$ 下的矩阵为 A^*, 也就是

$$(\mathbb{A}^*e_1, \mathbb{A}^*e_2, \cdots, \mathbb{A}^*e_n) = (e_1, e_2, \cdots, e_n)A^*$$

证明　因为 $\mathbb{A}e_j = \sum_{i=1}^n a_{ij}e_i$, 所以

$$(\mathbb{A}^*e_k, e_j) = (e_k, \mathbb{A}e_j) = \left(e_k, \sum_{i=1}^n a_{ij}e_i\right) = \bar{a}_{kj} = \left(\sum_{j=1}^n \bar{a}_{kj}e_j, e_j\right)$$

也就是 $\mathbb{A}^*e_k = \sum_{j=1}^n \bar{a}_{kj}e_j$, 结论得证.

3.4.2　等距算子

H 与 K 是 Hilbert 空间, 如果存在线性算子 $U: H \to K$, 满足

$$\rho_K(Ux, Uy) = \rho_H(x, y), \quad \forall x, y \in H$$

称 U 是 H 到 K 上的等距算子.

满的等距算子一定是同构算子. 实际上, 由于等距算子将 $0 \in H$ 映为 $0 \in K$, 一定是单射, 由于 U 还是满的 (即 $U(H) = K$), 则 U 是 H 到 K 上的一一映射, 因而是同构算子. 此时 H 和 K 是等距同构的.

等距的等价定义.

命题 3.14　若 $U \in \mathcal{B}(H, K)$, 以下命题等价

(1) U 是 H 到 K 的保内积同构算子, 即

$$(Ux, Uy)_K = (x, y)_H, \quad \forall x, y \in H$$

(2) U 是 H 到 K 的等距算子;

(3) U 是 H 到 K 的保范算子, 即

$$\|Ux\|_K = \|x\|_H, \quad \forall x \in H$$

(4) U 可逆且 $U^{-1} = U^*$.

证明　(1)⇒(2)⇔(3). 显然成立. 下证其余.

(3) $\Rightarrow$(4). 若 U 是保范算子, 则 U 是一一映射, 故 U^{-1} 存在. 对任意的 $x \in H$, 有

$$(U^*Ux, x) = (Ux, Ux) \quad = \quad \|Ux\|_K^2 = \|x\|_H^2 = (x, x) = (Ix, x)$$

其中 I 是恒等映射, 所以 $U^{-1} = U^*$ 成立.

(4) $\Rightarrow$(1). 若 U 可逆且 $U^{-1} = U^*$, 那么 U 是一一映射, 则对于任意的 $y \in H$, 记 $z = Uy$, 有

$$(Ux, Uy) \quad = \quad (Ux, z) = (x, U^{-1}z) = (x, y)$$

所以 U 是保内积算子. □

如下是 Hilbert 空间的可分之可数判据.

命题 3.15 Hilbert 空间 H 是可分的当且仅当它有至多可数的标准正交基 $\mathcal{E}$. 若 $\mathcal{E}$ 的个数 $N < \infty$, 则 H 与 $\mathbb{K}^N$ 等距同构. 若 $N = \infty$, 则它与 l^2 等距同构.

证明 必要性. 设 $\{x_n\}_{n=1}^{\infty}$ 是 H 的可数稠密子集, 那么必存在它的一个极大线性无关组 $\{y_n\}_{n=1}^{N}$. 其中 $N < \infty$ 或 $N = \infty$, 对 $\{y_n\}_{n=1}^{N}$ 应用 Gram-Schmidt 正交化过程, 便可构造出一个标准正交基 $\{e_n\}_{n=1}^{N}$.

充分性. 设 $\{e_n\}_{n=1}^{N}$ 是一个标准正交基, 则集合

$$\left\{x : x = \sum_{n=1}^{N} a_n e_n, a_n\text{的实部与虚部皆为有理数}\right\}$$

是 H 的可数稠密子集, 从而 H 是可分的.

对于标准正交基 $\{e_n\}_{n=1}^{N}$, 作算子

$$U : x \mapsto \{(x, e_n)\}_{n=1}^{N}, \quad \forall x \in H \tag{3.22}$$

由 Parseval 公式知

$$\|x\|^2 = \sum_{n=1}^{N} |(x, e_n)|^2$$

由此可见 U 是

$$H \to \mathbb{K}^N (N < \infty), \quad \text{或} H \to l^2 (N = \infty)$$

的映射, 又 U 是一一的线性算子, 因而是同构算子. 此外

$$(x, y) = \left(\sum_{n=1}^{N}(x, e_n)e_n, \sum_{n=1}^{N}(y, e_n)e_n\right)$$

$$= \sum_{n=1}^{N} (x, e_n)\overline{(y, e_n)} = (Ux, Uy)$$

说明 U 是一个保内积算子, 于是当 $N < \infty$ 时, H 与 $\mathbb{K}^N$ 等距同构, 而当 $N = \infty$ 时, 则 H 与 l^2 等距同构. □

3.4.3 正交投影算子

令 M 是 Hilbert 空间 H 的一个闭子空间, 由投影定理知, $\forall x \in H$, 存在唯一的正交分解

$$x = y + z, \quad y \in M, \quad z \in M^{\perp} \tag{3.23}$$

称 $P : x \to y$ 为正交投影算子.

设 $E \in \mathcal{B}(H)$, 若 $E^2 = E$, 则称 E 为幂等的. 若 $E = E^*$, 则称 E 为自伴算子.

定理 3.16 设 $E \in \mathcal{B}(H)$ 为幂等算子, 则下列命题等价:

(1) $E = E^*$;

(2) $\ker E = R(E)^{\perp}$;

(3) E 是 H 到 $R(E)$ 上的正交投影;

(4) $(Ex, x) \geqslant 0, \forall x \in H$.

证明 (1) $\Rightarrow$ (2). 由定理 3.13 知, $\ker E = R(E^*)^{\perp} = R(E)^{\perp}$.

(2) $\Rightarrow$ (3). 记 $M = R(E)$, 它是闭线性子空间. 对任意的 $x \in H$,

$$x = Ex + (I - E)x$$

可验证 $E((I - E)x) = Ex - E^2x = 0$, 也就是 $(I - E)x \in \ker E = M^{\perp}$. 同时 $Ex \in M$, 由正交分解的唯一性知

$$Ex = P_M x$$

(3) $\Rightarrow$ (4). 由 (3) 知 $x = Ex + (x - Ex)$ 且 $(Ex, x - Ex) = 0$,

$$(Ex, x) = (Ex, Ex + (x - Ex)) = (Ex, Ex) \geqslant 0$$

(4) $\Rightarrow$ (1). 由于

$$0 \leqslant (E(x + y), x + y) = (Ex, x) + (Ey, x) + (Ex, y) + (Ey, y)$$
$$0 \leqslant (E(x + \mathrm{i}y), x + \mathrm{i}y) = (Ex, x) + \mathrm{i}(Ey, x) - \mathrm{i}(Ex, y) + (Ey, y)$$

则有

$$\operatorname{Im}(Ey, x) + \operatorname{Im}(Ex, y) = 0$$

$$\mathrm{Re}(Ey,x)-\mathrm{Re}(Ex,y)=0$$

所以 $(Ex,y)=\overline{(Ey,x)}=(x,Ey)=(E^*x,y)$, 所以 $E=E^*$. □

定理 3.17 自伴幂等算子等价于正交投影算子.

证明 必要性. 定理 3.16 表明, 所有的自伴幂等算子都是正交投影算子.

充分性. 对于正交投影算子 P 和任意的 $x\in H$, 由(3.17)知都有 $P^2x=P(Px)=Px$, 也就是 $P^2=P$, 再由定理 3.16 知它是自伴的. □

对于 $X=\mathbb{R}^n$ 而 $M=\mathbb{R}^m(m<n)$ 的情形, 空间分解

$$X=M\oplus M^{\perp}$$

对应于向量分解

$$x=y+z:=\begin{pmatrix}x_1\\0\end{pmatrix}+\begin{pmatrix}0\\x_2\end{pmatrix}$$

有两种投影方式:

(1) 正交投影 $P:x\to y$.

(2) 自然投影 $\pi:x\to x_1$.

正交投影 P 在基 $(e_1,\cdots,e_n)$ 下的表示为

$$P(e_1,\cdots,e_n)=(e_1,\cdots,e_n)\begin{bmatrix}I_{m\times m}&0\\0&0\end{bmatrix}$$

自然投影 π 在基 $(e_1,\cdots,e_n)$ 下的表示为

$$\pi(e_1,\cdots,e_n)=(e_1,\cdots,e_n)\begin{bmatrix}I_{m\times m}&0\end{bmatrix}$$

两种投影方式在自然基底下的矩阵表示分别为

$$P=\begin{bmatrix}I_{m\times m}&0\\0&0\end{bmatrix},\quad \pi=\begin{bmatrix}I_{m\times m}&0\end{bmatrix}$$

因此

$$P=\pi^{\mathrm{T}}\pi$$

二维空间中的投影算子的性质见图 3.3.

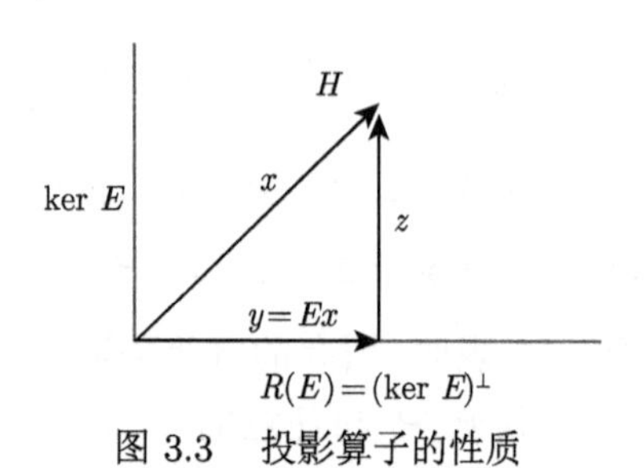

图 3.3　投影算子的性质

习　题　3.4

3.4.1. 设 H 为 Hilbert 空间, A 为 H 上的有界线性算子, $\|A\| \leqslant 1$, 证明: $\{x|Ax=x\}=\{x|A^*x=x\}$.

3.4.2. 若 $A\in\mathcal{B}(H)$, 且其逆有界, 证明: $(A^*)^{-1}=(A^{-1})^*$.

3.4.3. 设 $A\in\mathcal{B}(H)$, 若 $A^*=A$, 则称 A 是自共轭算子 (自伴算子). 设 $\{A_n\}$ 是 H 上的自共轭算子列, 且 $\|A_n-A\|\to 0(n\to\infty)$, 证明: A 是自共轭算子.

3.4.4. 证明: 投影算子 $P: H\to M$ 是有界线性算子, 且当 $M\neq\{0\}$ 时, $\|P\|=1$.

3.4.5. 证明: 投影算子 P 是自伴算子.

3.4.6. 证明: 投影算子 P 是幂等算子.

第 4 章 Banach 空间理论

Banach 空间是欧氏空间向无限维空间的另一个推广, 这时不再考虑内积概念, 使得具有的性质更加纯粹和本质, 概括了现代数学中的许多经典的分析结果, 在理论上和应用上都有重要价值, 为其他领域的科学和技术带来了更为普遍的应用.

4.1 共轭空间与 Banach 共轭算子

4.1.1 共轭空间

设 X 是数域 $\mathbb{K}$ 上的一个赋范线性空间, X 上的所有连续线性泛函组成的线性空间 $X^* = \mathcal{B}(X, \mathbb{K})$, 定义范数

$$\|f\| = \sup\{|f(x)| : x \in X, \|x\| = 1\} \tag{4.1}$$

由定理 2.10, 由于 $\mathbb{K}$ 是 Banach 空间, 则 X^* 按 $\|f\|$ 定义的距离, 构成一个 Banach 空间, 称为 X 的共轭空间.

定理 4.1 (范数共轭) 设 X 是赋范线性空间, $x \in X$, 则

$$\|x\| = \sup\{|f(x)| : f \in X^*, \|f\| \leqslant 1\} \tag{4.2}$$

且上确界能达到.

证明 记 $\alpha = \sup\{|f(x)| : f \in X^*, \|f\| \leqslant 1\}$. 于是, 当 $f \in X^*, \|f\| \leqslant 1$ 时, $|f(x)| \leqslant \|f\|\|x\| \leqslant \|x\|$, 因此 $\alpha \leqslant \|x\|$. 由推论 2.15 知, $\exists f \in X^*$, 满足 $\|f\| = 1, f(x) = \|x\|$, 这说明 $\alpha \geqslant \|x\|$, 故 $\|x\| = \alpha = f(x)$ 可达到. □

有限维空间中的共轭表示.

定理 4.2 (基与坐标的共轭表示) 设 $e_1, e_2, \cdots, e_n$ 是有限维 Banach 空间 X 的一组基, 则存在 X^* 的一组基 $f_1, f_2, \cdots, f_n \in X^*$, 使得

$$f_j(e_i) = \delta_{ij} = \begin{cases} 1, & i = j \\ 0, & i \neq j \end{cases}$$

对任意 $x = \sum_{k=1}^n x_j e_j \in X$ 和任意 $x^* \in X^*$ 有

$$x = \sum_{k=1}^n f_j(x) e_j \tag{4.3}$$

$$x^* = \sum_{j=1}^{n} x^*(e_j) f_j \tag{4.4}$$

证明 由于 $e_1, e_2, \cdots, e_n$ 是 X 的一组基, 令$M_i = \mathrm{span}\{e_1, \cdots, e_{i-1}, e_{i+1}, \cdots, e_n\}$, 则由推论 2.18, 存在 $f_i \in X^*$ 使得

$$f_i(x) = 0, \quad x \in M_i, \quad f_i(e_i) = 1$$

存在 $f_1, f_2, \cdots, f_n \in X^*$, 使得 $f_j(e_i) = \delta_{ij}$, 于是对任意元 $x = \sum_{j=1}^{n} x_j e_j \in X$, 有

$$f_k(x) = \sum_{j=1}^{n} x_j f_k(e_j) = x_k$$

故

$$x = \sum_{k=1}^{n} f_j(x) e_j$$

对任意的 $x^* \in X^*$, 有

$$x^*(x) = \sum_{j=1}^{n} f_j(x) x^*(e_j) = \left(\sum_{j=1}^{n} x^*(e_j) f_j \right)(x) \tag{4.5}$$

也就是

$$x^* = \sum_{j=1}^{n} x^*(e_j) f_j$$

x^* 的任意性表明 $\{f_j\}$ 是 X^* 的一组基, 因而线性无关. □

基与坐标的共轭表示如图 4.1 所示.

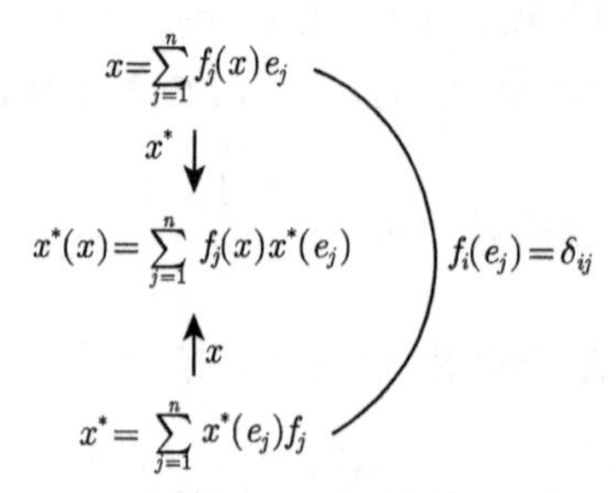

图 4.1 基与坐标的共轭表示

定义 4.1 设 X 是一个赋范线性空间, X^* 的共轭空间称为 X 的第二共轭空间, 记作 X^{**}.

当 $f \in X^*$ 时, 对任意的 $x \in X$, 可以定义

$$U_x(f) = f(x), \quad \forall f \in X^* \tag{4.6}$$

易证 U_x 是 X^* 上的一个线性泛函. 由定理 4.1 知

$$\|U_x\| = \sup\{|f(x)| : f \in X^*, \|f\| \leqslant 1\} = \|x\| \tag{4.7}$$

称映射 $U : x \mapsto U_x$ 为自然映射, (4.7)表明 U 是 X 到 X^{**} 的连续等距嵌入. 于是有下面的定理.

定理 4.3 (嵌入共轭) 赋范线性空间 X 与它的第二共轭空间 X^{**} 的一个子空间等距同构.

按对等距同构的规定 (见 1.3.4 节), 对 x 和 U_x 不加区别, 也就是 $U_x = Ux = x$, 并有 $X \subset X^{**}$, 则(4.6)可以改写为

$$f(x) = U_x(f) = x(f) \tag{4.8}$$

这说明 f 与 x 具有对称性, 由此引入记号

$$f(x) = \langle f, x \rangle$$

表示 f 与 x 的配对运算, 因而有

$$\langle f, x \rangle = \langle x, f \rangle$$

定义 4.2 如果 X 到 X^{**} 的自然映射 U 是满的, 则称 X 是自反空间, 记作 $X = X^{**}$.

例 4.1 设 $1 < p < \infty$, $\dfrac{1}{p} + \dfrac{1}{q} = 1$. $L^p[a,b]$ 的对偶空间是 $L^q[0,1]$, $L^1[0,1]$ 的对偶空间是 $L^\infty[0,1]$.

记 $L^p[0,1] := X, L^q[0,1] := Y$. 对于 $\forall g \in Y$, 根据 Hölder 不等式, 若 $p > 1$, 有

$$\left|\int_0^1 f(x)g(x)dx\right| \leqslant \left(\int_0^1 |f(x)|^p \, dx\right)^{\frac{1}{p}} \left(\int_0^1 |g(x)|^q \, dx\right)^{\frac{1}{q}}$$

若 $p = 1$, 有

$$\left|\int_0^1 f(x)g(x)dx\right| \leqslant \operatorname{ess\,sup} |g(x)| \int_0^1 |f(x)|dx$$

令

$$F_g(f) = \int_0^1 f(x)g(x)dx, \quad \forall f \in X$$

于是 $F_g \in X^*$, 实际上

$$\|F_g\|_{X^*} \leqslant \|g\|_Y \tag{4.9}$$

即映射 $g \mapsto F_g$ 是将 $L^q[0,1]$ 连续地嵌入到 $(L^p[0,1])^*$. 而由关系式(4.1)知

$$\|F_g\|_{X^*} = \sup\{|F_g(f)| : f \in X, \|f\|_X = 1\} \geqslant \|g\|_Y$$

所以 $g \mapsto F_g$ 是等距的. 这里用到存在 $\bar{f}$ 使得 $\|g\|_Y = F_g(\bar{f}), \|\bar{f}\|_X = 1$, 其中

$$\bar{f}(x) = (|g(x)|(\|g\|_Y)^{-1})^{p-1}\text{sign}[g(x)]$$

下证映射 $g \mapsto F_g$ 是满的, 即对于给定的 $F \in X^*$, 存在一个 $g \in Y$, 使得

$$F(f) = \int_0^1 f(x)g(x)dx \tag{4.10}$$

令 I_E 为 E 的示性函数, 引进

$$\mu(E) = F(I_E)$$

可验证 μ 是测度且关于 dx 是绝对连续的, 则由 Radon-Nikodym 定理知存在 $g \in Y$ 使得

$$\mu(E) = \int_0^1 I_E g(x)dx$$

按典型化方法即可证明(4.10)成立, 因此 X^* 与 Y 等距同构, 也就是

$$L^q[0,1] = (L^p[0,1])^*$$

同样可得到离散情形的结论:

l^p 的对偶空间是 l^q, l^1 的对偶空间是 l^∞.

例 4.2 $C[0,1]$ 共轭空间的表示. 设

$$BV[0,1] = \left\{ g \;\middle|\; \begin{array}{l} g:[0,1] \to \mathbb{C}, g(0) = 0; \\ g(t) = g(t+0); \text{var}(g) < \infty \end{array} \right\}$$

其中 $\text{var}(g) = \sup_\Delta \sum_{j=0}^{n-1} \mid g(t_{j+1}) - g(t_j) \mid$ 称为函数 g 的变差, 这里的上确界是对所有的 $[0,1]$ 分割

$$\Delta : 0 = t_0 < t_1 < t_2 < \cdots < t_n = 1$$

来取的. $BV[0,1]$ 中函数 g 称为有界变差函数. 在 $BV[0,1]$ 上赋以范数

$$\|g\|_v = \mathrm{var}(g)$$

那么 $BV[0,1]$ 是一个 Banach 空间. 对于 $\forall g \in BV[0,1]$, 令

$$F_g(f) = \int_0^1 f(t)dg(t)$$

上式右边积分称为斯蒂尔切斯 (Stieltjes) 积分, 则 $F_g \in C[0,1]^*$, 并且

$$\|F_g\| \leqslant \int_0^l |dg(t)| = \mathrm{var}(g)$$

即映射 $g \mapsto F_g$ 将 $BV[0,1]$ 连续地映入 $C[0,1]^*$.

可以证明, $g \mapsto F_g$ 是等距满映射, 也就是说, 对任意的 $F \in C[0,1]^*$, 必存在一个 $g \in BV[0,1]$, 使得

$$F(f) = \int_0^1 f(t)dg(t), \quad \forall f \in C[0,1]$$

并且

$$\|F\| = \|g\|_v$$

因此 $C[0,1]^*$ 与 $BV[0,1]$ 等距同构, 也就是

$$BV[0,1] = (C[0,1])^*$$

4.1.2 Banach 共轭算子

设 X, Y 是赋范线性空间, $T \in \mathcal{B}(X,Y)$. $\forall g \in Y^*$, 令

$$f(x) = g(Tx), \quad \forall x \in X$$

则 $f \in X^*$, 且 $\|f\| \leqslant \|g\|\|T\|$. 于是我们建立了 $g \mapsto f$ 的对应. 也就是由 T 派生出 Y^* 到 X^* 上的线性映射: $T^* : T^*g = f$. 此外 T^* 是唯一的, 假设另有 T_1^*, 则 $\forall g \in Y^*, x \in X$, 有 $(T_1^* - T^*)g(x) = 0$, 说明 $(T_1^* - T^*)g = 0$, 进而 $T_1^* - T^* = 0$.

定义 4.3 设 X, Y 是赋范线性空间, $T \in \mathcal{B}(X,Y)$. 则线性算子 $T^* : Y^* \to X^*$ 称为 T 的 Banach 共轭算子, 若 $\forall g \in Y^*, x \in X$,

$$T^*g(x) = g(Tx) \tag{4.11}$$

定理 4.4　有界线性算子 T 的共轭算子 T^* 也是有界线性算子, 并且映射 $*: T \mapsto T^*$ 是 $\mathcal{B}(X,Y)$ 到 $\mathcal{B}(Y^*,X^*)$ 的等距同构.

证明　对于 $T \in \mathcal{B}(X,Y)$, 有

$$\|T^*g\| = \|f\| \leqslant \|T\|\|g\|.$$

因此 $\|T^*\| \leqslant \|T\|$, $T^* \in \mathcal{B}(Y^*,X^*)$. 映射 $*$ 显然是线性的. 由定理 4.1 知

$$\begin{aligned}
\|T\| &= \sup\{\|Tx\| : \|x\| \leqslant 1, x \in X\} \\
&= \sup_{\|x\|\leqslant 1} \sup_{\|g\|\leqslant 1} \{|g(Tx)| : x \in X, g \in Y^*\} \\
&= \sup_{\|g\|\leqslant 1} \sup_{\|x\|\leqslant 1} \{|(T^*g)(x)| : x \in X, g \in Y^*\} \\
&= \sup_{\|g\|\leqslant 1} \{\|T^*g\| : g \in Y^*\} \\
&= \|T^*\|
\end{aligned}$$

证毕. □

写成对称形式

$$\langle T^*g, x\rangle = T^*g(x) = g(Tx) = \langle g, Tx\rangle \tag{4.12}$$

对于 T^* 还可以考察它的共轭算子 $T^{**} = (T^*)^*$. 根据定义 $T^{**} \in \mathcal{B}(X^{**},Y^{**})$. 因为 $X \subset X^{**}, Y \subset Y^{**}$, 若它们的自然映射分别记为 U_x 和 V_y, 那么根据(4.8)和(4.12)

$$\begin{aligned}
&\langle T^{**}U_x, g\rangle = \langle U_x, T^*g\rangle \\
&= \langle T^*g, x\rangle = \langle g, Tx\rangle \\
&= \langle V_{Tx}, g\rangle, \quad \forall g \in Y^*, \quad \forall x \in X
\end{aligned}$$

从而有 $T^{**}U_x = V_{Tx}$, 也就是 $T^{**}x = Tx$, 即 T^{**} 是 T 从 X 到 X^{**} 上的扩张. 于是有图 4.2(a) 和图 4.2(b).

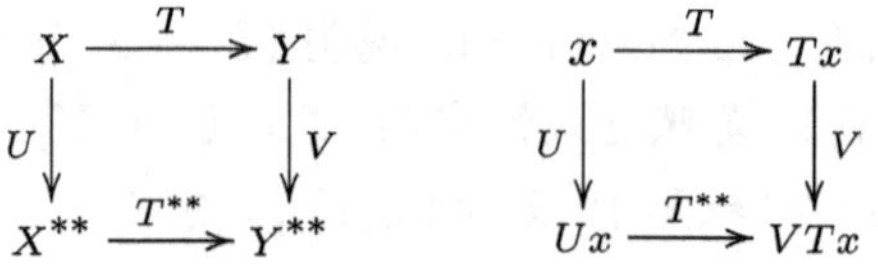

$$\begin{array}{ccc}
X & \xrightarrow{T} & Y \\
U\downarrow & & \downarrow V \\
X^{**} & \xrightarrow{T^{**}} & Y^{**}
\end{array}
\qquad\qquad
\begin{array}{ccc}
x & \xrightarrow{T} & Tx \\
U\downarrow & & \downarrow V \\
Ux & \xrightarrow{T^{**}} & VTx
\end{array}$$

(a)

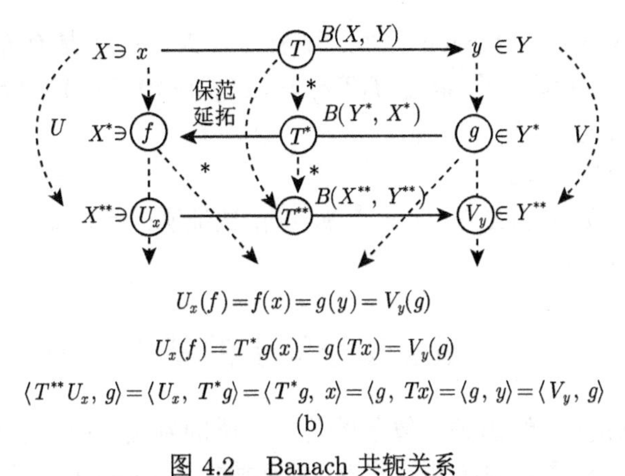

(b)

图 4.2　Banach 共轭关系

由如上分析, 可知下述定理.

定理 4.5 (共轭延拓)　设 X,Y 是赋范线性空间, $T\in\mathcal{B}(X,Y)$. 则 $T^{**}\in\mathcal{B}(X^{**},Y^{**})$ 是 T 在 X^{**} 上的延拓, 并满足 $\|T^{**}\|=\|T\|$.

有限维空间中的共轭　设 $e_1,e_2,\cdots,e_n$ 是 Banach 空间 X 的一组基, 则存在 X^* 的一组基 $f_1,f_2,\cdots,f_n\in X^*$, 使得 $f_j(e_i)=\delta_{ij}$. 算子 $\mathbb{A}\in\mathcal{B}(X)$ 在 $(e_1,e_2,\cdots,e_n)$ 下的矩阵为 $A=\{a_{ij}\}_{n\times n}$, 也就是

$$(\mathbb{A}e_1,\mathbb{A}e_2,\cdots,\mathbb{A}e_n)=(e_1,e_2,\cdots,e_n)A$$

则算子 $\mathbb{A}^*\in\mathcal{B}(X^*)$ 在 $(f_1,f_2,\cdots,f_n)$ 下的矩阵为 A^*, 也就是

$$(\mathbb{A}^*f_1,\mathbb{A}^*f_2,\cdots,\mathbb{A}^*f_n)=(f_1,f_2,\cdots,f_n)A^*$$

证明　对任意 $x\in X$ 有 $x=\sum_{j=1}^n f_j(x)e_j$ 因而

$$\mathbb{A}x=\sum_{j=1}^n f_j(x)\mathbb{A}e_j=\sum_{j=1}^n f_j(x)\left(\sum_{k=1}^n a_{kj}e_k\right)$$

所以

$$\mathbb{A}^*f_i(x)=f_i(\mathbb{A}x)=\sum_{j=1}^n f_j(x)\left(\sum_{k=1}^n \overline{a_{kj}}f_i(e_k)\right)=\sum_{j=1}^n \overline{a_{ij}}f_j(x)$$

也就是 $\mathbb{A}^*f_i=\sum_{j=1}^n\overline{a_{ij}}f_j$, 结论得证. □

习　题　4.1

4.1.1. 证明 $(\mathbb{R}^n)^*=\mathbb{R}^n$.

4.1.2. 设 X,Y 是 Banach 空间, 算子 $T: X \to Y$ 是有界线性算子, $T^*: Y^* \to X^*$ 为 T 的共轭算子, 满足 $f(Tx) = (T^*f)(x)(\forall f \in Y^*, \forall x \in X)$, 试证 T^* 是有界线性算子, 且 $\|T^*\| = \|T\|$.

4.1.3. 证明 $(l^1)^* = l^\infty$.

4.1.4. 设 $T_n, T \in \mathcal{B}(X,Y)(n=1,2,\cdots)$, 试证明: 当 $\|T_n - T\| \to 0$ 时, 必有 $\|T_n^* - T^*\| \to 0(n \to \infty)$.

4.2 Banach 空间上的基本定理

本节基于纲定理, 给出关于算子的若干性质的判定. 由于它们是纲定理在赋范空间上的延续, 都需要完备性的假设, 因而需要在 Banach 空间上讨论. 如同纲定理, 这些定理本身有异乎寻常的深刻性和重要性.

4.2.1 开映射定理

设 X,Y 是赋范线性空间, $F: X \to Y$ 是连续线性算子的充要条件是: Y 中开集 B(包含 $y = Fx$) 的原像 $F^{-1}B$(包含 x) 是 X 中开集. 由此引出如下定义.

定义 4.4 设 X,Y 是赋范线性空间, 称线性映射 $T: X \to Y$ 是开映射, 如果它将开集映为开集.

用 $B(x_0,a)$ 和 $U(y_0,b)$ 分别表示 X 和 Y 中的开球.

引理 4.6 设 X,Y 是 Banach 空间, $T: X \to Y$ 是线性映射, T 是开映射必须且仅需 $\exists \delta > 0$, 使得

$$U(0,\delta) \subset TB(0,1) \tag{4.13}$$

证明 必要性. 由 $T0 = 0$ 知, $0 \in B(0,1)$, 则 $0 \in TB(0,1)$, T 是开映射, 所以 $TB(0,1)$ 是开集, 而 0 点是 $TB(0,1)$ 的内点, 存在邻域 $U(0,\delta)$ 满足(4.13).

下证充分性. 由算子 T 的线性性质, 条件(4.13)等价于

$$U(Tx_0, r\delta) \subset TB(x_0, r), \quad \forall x_0 \in X, \quad r > 0.$$

任取 X 中的开集 W, 欲证 TW 是 Y 中的开集. $\forall y_0 \in TW$, $\exists x_0 \in W$, 使得 $y_0 = Tx_0$. 因为 W 是开集, 故 $\exists B(x_0,r) \subset W$, 于是取 $\varepsilon = r\delta$, 便有

$$U(y_0,\varepsilon) = U(Tx_0, r\delta) \subset TB(x_0,r) \subset TW$$

即 y_0 是 TW 的内点. □

注 4.1 由于 T 是线性算子, X 和 Y 是线性空间, 以下结论等价:

(1) $|Tx| \leqslant \delta \Rightarrow \{Tx : |x| \leqslant 1\}$;

(2) $\left|T\left(\frac{x}{r}-\frac{x_0}{r}\right)\right| \leqslant \delta \Rightarrow \left\{Tx : \left|\frac{x}{r}-\frac{x_0}{r}\right| \leqslant 1\right\}$;

(3) $|Tx - Tx_0| \leqslant r\delta \Rightarrow \{Tx : |x-x_0| \leqslant r\}$.

定理 4.7 (开映射定理) 设 X,Y 是 Banach 空间, $T \in \mathcal{B}(X,Y)$. 若 T 是满射 (即 $T(X)=Y$), 则 T 是开映射.

证明 (1) 证明 $\exists\delta>0$, 使得

$$U(0,3\delta) \subset \overline{TB(0,1)}$$

对任意的 $y \in Y$ 存在 x 和 n 使得 $y = Tx$ 且 $x \in \overline{B(0,n)}$, 因而有 $y \in \overline{TB(0,n)}$, 这表明 $Y = T(X) \subset \bigcup_{n=1}^{\infty} \overline{TB(0,n)}$, 反向包含显然成立, 故有

$$Y = T(X) = \bigcup_{n=1}^{\infty} TB(0,n)$$

而 Y 是完备的, 根据 Barie 纲定理 (定理 1.20), 至少有一个 $n \in \mathbb{N}$, 使得集合 $TB(0,n)$ 是非稀疏的. 由命题 1.18知, $\overline{TB(0,n)}$ 存在内点, 也即是 $\exists U(y_0,r) \subset \overline{TB(0,n)}$. 对任意的 $y_1,y_2 \in \overline{TB(0,n)} = \{Tx : \|x\| \leqslant n\}$, 必有 $-y_1 \in \overline{TB(0,n)}$(对称), $\frac{y_1+y_2}{2} \in \overline{TB(0,n)}$(凸集), 因而 $\overline{TB(0,n)}$ 是对称的凸集. 由 r 的任意小性和 $\overline{TB(0,n)}$ 的对称性便有 $U(-y_0,r) \subset \overline{TB(0,n)}$. 由凸集性知两球连线的中点的集合 $\frac{1}{2}U(y_0,r) + \frac{1}{2}U(-y_0,r) = \left\{y = \frac{y_1+y_2}{2} : y_1 \in U(y_0,r), y_2 \in U(-y_0,r)\right\}$ 也在 $\overline{TB(0,n)}$ 中, 借助于图 4.3, 有

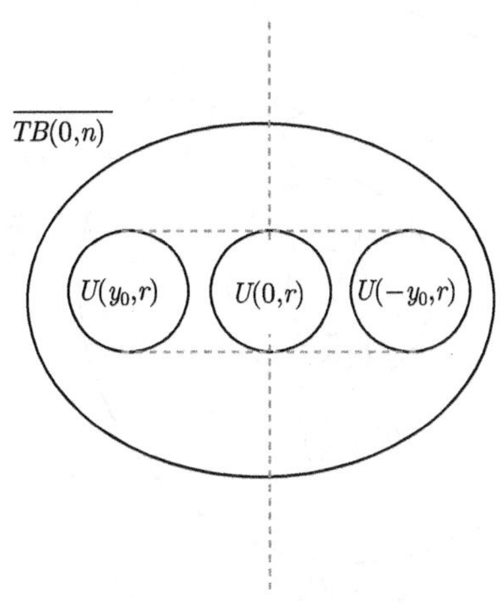

图 4.3 开映射定理证明的示意图 (1)

$$U(0,r) \subset \frac{1}{2}U(y_0,r) + \frac{1}{2}U(-y_0,r) \subset \overline{TB(0,n)}$$

由于 T 是线性算子, 取 $\delta = \dfrac{r}{3n}$, 就有 $U(0,3\delta) \subset \overline{TB(0,1)}$.

(2) 证明

$$U(0,\delta) \subset TB(0,1)$$

相当于: 任给 $y_0 \in U(0,\delta)$, 在 $B(0,1)$ 中找到一点 x_0 满足 $y_0 = Tx_0$.

由 (1) 知, $y_0 \in U(0,\delta) \subset \overline{TB\left(0,\dfrac{1}{3}\right)}$. 如图 4.4, 在 $U(0,\delta)$ 中取 $\tilde{y}_1$ 使得 $\|y_0 - \tilde{y}_1\| \leqslant \dfrac{\delta}{3}$, 故存在 $\tilde{x}_1$ 使得 $\tilde{y}_1 = T\tilde{x}_1$ 且有 $\tilde{x}_1 \in B\left(0,\dfrac{1}{3}\right)$ 也就是, 存在 $\tilde{x}_1 \in B\left(0,\dfrac{1}{3}\right)$ 使得

$$\|y_0 - T\tilde{x}_1\| \leqslant \frac{\delta}{3}$$

令 $y_1 = y_0 - T\tilde{x}_1$, 再按 (1), $y_1 \in U\left(0,\dfrac{1}{3}\delta\right) \subset \overline{TB\left(0,\dfrac{1}{3^2}\right)}$, 故存在 $\tilde{x}_2 \in B\left(0,\dfrac{1}{3^2}\right)$ 使得

$$\|y_1 - T\tilde{x}_2\| \leqslant \frac{\delta}{3^2}$$

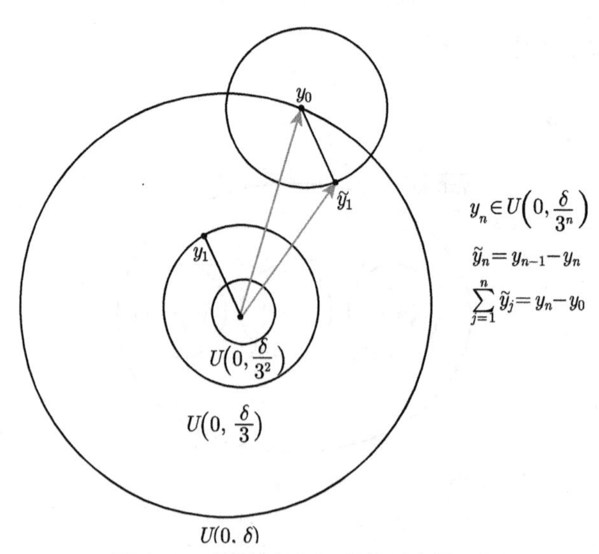

图 4.4　开映射定理证明的示意图 (2)

逐次引入 $y_n = y_{n-1} - T\tilde{x}_n \in U\left(0, \frac{1}{3^n}\delta\right) \subset \overline{TB\left(0, \frac{1}{3^{n+1}}\right)}$ 使得

$$\|y_n - T\tilde{x}_{n+1}\| \leqslant \frac{\delta}{3^{n+1}}, \quad n = 1, 2, \cdots$$

于是 $\sum_{n=1}^{\infty} \|\tilde{x}_n\| \leqslant \frac{1}{2}$, 则有 $x_0 = \sum_{n=1}^{\infty} \tilde{x}_n$, 因而

$$y_0 = y_1 + T\tilde{x}_1 = y_2 + T\tilde{x}_2 + T\tilde{x}_1 = \cdots = y_n + T\sum_{j=1}^{n} \tilde{x}_j$$

取极限得 $y_0 = Tx_0$, 且 $x_0 \in B(0,1)$. 故 $U(0,\delta) \subset TB(0,1)$ 成立, 由引理知 T 是开映射. □

4.2.2 逆算子定理

定理 4.8 (逆算子定理) 设 X, Y 是 Banach 空间, $T \in \mathcal{B}(X,Y)$. 若 T 是一一的, 则 $T^{-1} \in \mathcal{B}(Y,X)$.

证明 由开映射定理知, 任给开集 $W \subset X$, TW 为 Y 中的开集. 用 $B(x_0,a)$ 和 $U(y_0,b)$ 分别表示 X 和 Y 中的开球. 那么 $\forall \varepsilon > 0$, $\exists \delta > 0$, 使得

$$U(0,\delta) \subset TB(0,\varepsilon)$$

令 $S = T^{-1}$, 这表明

$$U(0,\delta) \subset S^{-1}B(0,\varepsilon)$$

所以根据定理 1.1 知 $S = T^{-1}$ 在 0 点连续, 因此在 Y 上连续. □

定理 4.9 (等价范数定理) 设 X 关于范数 $\|\cdot\|_1$ 和 $\|\cdot\|_2$ 都构成 Banach 空间, 且 $\|\cdot\|_2$ 比 $\|\cdot\|_1$ 强, 则 $\|\cdot\|_1$ 与 $\|\cdot\|_2$ 等价.

证明 考虑恒等映射 $I : X \to X$, 把它看成由 $(X, \|\cdot\|_2)$ 到 $(X, \|\cdot\|_1)$ 的线性算子. 由假设知 $\exists C > 0$ 使得

$$\|Ix\|_1 \leqslant C\|x\|_2, \quad \forall x \in X$$

因此 I 有界且为满射, 由逆算子定理, I^{-1} 也有界, 即对于 $\forall x \in X$,

$$\|I^{-1}x\|_2 \leqslant \|I^{-1}\|\|x\|_1$$

这表明 $\|x\|_2 \leqslant \|I^{-1}\|\|x\|_1$. □

4.2.3 闭图像定理

设 X, Y 是赋范线性空间, 考虑笛卡儿乘积空间 $X \times Y = \{(x, y) : x \in X, y \in Y\}$. 按运算

$$(x_1, y_1) + (x_2, y_2) = (x_1 + x_2, y_1 + y_2) \tag{4.14}$$

$$\alpha(x, y) = (\alpha x, \alpha y) \tag{4.15}$$

$X \times Y$ 构成线性空间. 定义范数

$$\|(x, y)\| = \|x\| + \|y\| \tag{4.16}$$

$X \times Y$ 构成赋范线性空间, 这表明

$$(x_n, y_n) \to (x, y) \Leftrightarrow x_n \to x, y_n \to y$$

定义 4.5 令 T 是定义在 $D(T) \subset X$ 上到 Y 的线性算子,

$$G_T = \{(x, y) : y = Tx, x \in D(T)\} \tag{4.17}$$

称为 T 的图像 (二维空间中的图像如图 4.5所示). 若 G_T 是赋范线性空间 $X \times Y$ 中的闭集, 则称 T 是闭算子.

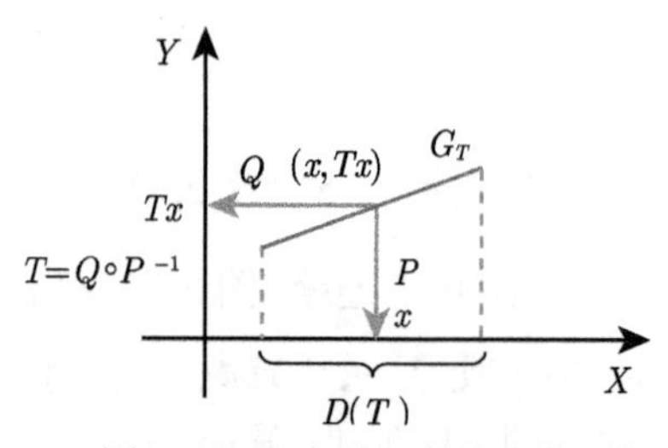

图 4.5 二维空间中的图像

定理 4.10 (闭图像定理) 设 X, Y 是 Banach 空间, T 是 $D(T) \subset X$ 到 Y 的线性算子. 若 $D(T)$ 和 G_T 都是闭集, 则 T 是连续的.

证明 因为 $D(T)$ 是闭的, 故 $D(T)$ 作为闭线性子空间可以看作 Banach 空间. 又因为 G_T 是闭集, 故 G_T 在范数(4.16)下是 Banach 空间. 定义 $P : (x, Tx) \mapsto x$ 是 G_T 到 $D(T)$ 的满射. 由逆算子定理知, $P^{-1} : D(T) \to G_T$ 是连续的. 又由(4.16)知, $Q : (x, Tx) \mapsto Tx$ 是 G_T 到 Y 的连续线性算子, 于是 $T = Q \circ P^{-1}$ 是连续的. □

4.2.4 共鸣定理

定理 4.11 (共鸣定理或一致有界定理) 设 X, Y 是 Banach 空间, $W \subset \mathcal{B}(X, Y)$. 如果

$$\sup_{T \in W} \|Tx\| < \infty, \quad \forall x \in X \tag{4.18}$$

则存在常数 M 使得 $\|T\| \leqslant M, \forall T \in W$, 也就是

$$\sup_{T \in W} \|T\| < \infty \tag{4.19}$$

证明 对于 $\forall x \in X$, 定义

$$\|x\|_W = \|x\| + \sup_{T \in W} \|Tx\|.$$

显然 $\|\cdot\|_W$ 是范数, 且 $\|\cdot\|_W$ 比 $\|\cdot\|$ 强. 为了证 $(X, \|\cdot\|_W)$ 是 Banach 空间, 仅需再证 $(X, \|\cdot\|_W)$ 是完备的. 取 $(X, \|\cdot\|_W)$ 中的基本列 $\{x_n\}$, 因此满足 Cauchy 性

$$\|x_n - x_m\|_W \to 0 \quad (m, n \to \infty)$$

也就是

$$\|x_n - x_m\| + \sup_{T \in W} \|T(x_n - x_m)\| \to 0 \quad (m, n \to \infty)$$

由 $(X, \|\cdot\|)$ 的完备性, $\exists x \in X$ 使得

$$\|x_n - x\| \to 0 \tag{4.20}$$

因为 $\forall \varepsilon > 0, \exists N(\varepsilon)$, 使得

$$\sup_{T \in W} \|T(x_n - x_m)\| < \varepsilon \quad (\forall m, n > N)$$

从而对给定的 $n > N$, 令 $m \to \infty$, 则由(4.20)和(4.18)知

$$\sup_{T \in W} \|T(x_n - x)\| < \varepsilon$$

这表明

$$\|x_n - x\|_W = \|x_n - x\| + \sup_{T \in W} \|T(x_n - x)\| \to 0 \quad (n \to \infty)$$

至此完成了 $(X, \|\cdot\|_W)$ 是 Banach 空间的证明.

由 Banach 空间上的等价范数定理, $\|\cdot\|$ 比 $\|\cdot\|_W$ 强, 从而存在常数 M 使得

$$\sup_{T\in W}\|Tx\|\leqslant\|x\|_W\leqslant M\|x\|,\quad \forall x\in X$$

立刻推得 $\|T\|\leqslant M, \forall T\in W$. □

注 4.2 条件(4.18)意味着, 存在正数 M_x 使得

$$\|Tx\|\leqslant M_x\|x\|,\quad \forall T\in W$$

说明算子族 $W=\{T:T\in W\}$ 处处有界. 条件(4.19)表明, 存在正数 M 使得

$$\|Tx\|\leqslant M\|x\|,\quad \forall T\in W$$

说明算子族 $W=\{T:T\in W\}$ 一致有界. 由此可称定理 4.11为一致有界定理, 也称共鸣定理.

4.2.5 收敛性定理

由共鸣定理可证如下关于收敛性的判据.

定理 4.12 (收敛判据) 设 X,Y 是 Banach 空间, M 是 X 的稠密子集. 设 $T_n,T\in\mathcal{B}(X,Y)(n=1,2,\cdots)$. 则 $\lim_{n\to\infty}T_nx=Tx,\forall x\in X$ 的充要条件是:

(1) $\{\|T_n\|:n\in\mathbb{N}\}$ 有界;

(2) $\lim_{n\to\infty}T_nx=Tx,\ \forall x\in M$.

证明 必要性. 若 $\forall x\in X$ 有 $T_nx\to Tx$, 这蕴含 (2). 对于 $W=\{T_n\}$, 共鸣定理的条件成立, 由此可证结论 (1).

充分性. 设 $\|T_n\|<c,\forall n\in\mathbb{N}$. 任取 $x\in X$, 对于任取的 $\varepsilon>0$, 取 $y\in M$ 使得

$$\|x-y\|<\frac{\varepsilon}{4(c+\|T\|)}$$

又存在 $N=N(\varepsilon)$ 使得当 $n>N$ 时

$$\|T_ny-Ty\|\leqslant\frac{\varepsilon}{2}$$

于是当 $n>N$ 时,

$$\begin{aligned}\|T_nx-Tx\|&\leqslant\|T_nx-T_ny\|+\|T_ny-Ty\|+\|Ty-Tx\|\\&\leqslant c\|y-x\|+\frac{\varepsilon}{2}+\|T\|\|y-x\|<\varepsilon\end{aligned}$$

证毕. □

习 题 4.2

4.2.1. 证明 $C[0,1]$ 上的微分算子是闭算子.

4.2.2. 设 X_1, X_2 是 Banach 空间 X 的两个闭子空间, 且 $\forall x \in X$, 有唯一的分解 $x = x_1 + x_2$, 其中 $x_1 \in X_1, x_2 \in X_2$, 证明: 对于一切 $x \in X$ 存在常数 M, 使得 $\|x_1\| \leqslant M\|x\|$ 且 $\|x_2\| \leqslant M\|x\|$.

4.2.3. 设 X 是赋范线性空间, $T_1 : X \to X$ 是线性算子, $T_2 : X^* \to X^*$ 也是线性算子, 若 $\forall x \in X$ 及 $f \in X^*$, 均有 $(T_2 f)(x) = f(T_1 x)$, 证明: T_1, T_2 都是有界线性算子.

4.3 弱收敛和弱列紧

4.3.1 弱收敛

4.3.1.1 X 空间上的收敛与弱收敛

定义 4.6 设 X 是一个赋范线性空间, 在 X 上有两种收敛: 强收敛与弱收敛. 给定 $x, x_n \in X, n = 1, 2, \cdots$. 称按范数收敛为强收敛, 记作 $x_n \to x$ 或 $\lim_{n\to\infty} x_n = x$. 称 $\{x_n\}$ 弱收敛于 x, 如果

$$\lim_{n\to\infty} f(x_n) = f(x), \quad \forall f \in X^* \tag{4.21}$$

并称 x 为弱极限, 记成 $x_n \rightharpoonup x$ 或 $x_n \xrightarrow{w} x$.

命题 4.13 弱极限若存在必唯一, 强收敛一定弱收敛.

证明 (1) 设 $x_n \rightharpoonup x$, $x_n \rightharpoonup y$, 即 $\forall f \in X^*$, 有

$$f(x) = \lim_{n\to\infty} f(x_n) = f(y)$$

故 $f(x-y) = 0$, 根据推论 2.16 知, $x = y$.

(2) 设 $x_n \to x$, 则 $\forall f \in X^*$, 有

$$|f(x_n) - f(x)| \leqslant \|f\|\|x_n - x\| \to 0 \quad (n \to \infty)$$

即得 $x_n \rightharpoonup x$. □

命题 4.14 有限维赋范线性空间都是自反的, 其上的强收敛等价于弱收敛.

证明 (1) 自反性. 设 $e_1, e_2, \cdots, e_m$ 是 X 的一组基. 由定理 4.2 知存在线性无关的 $f_1, f_2, \cdots, f_m (\in X^*)$ 是 X^* 的基, 从而 X^* 也是 m 维的, 进而 X^{**} 也是 m 维的, 由共轭嵌入定理 (定理 4.3), 知 $X \subset X^{**}$, 故 $X = X^{**}$.

(2) 强收敛等价于弱收敛. 仅需再证明在条件 $\dim X = m$ 下, 弱收敛蕴含强收敛. 对任意元 $x = \sum_{k=1}^{m} x_j e_j \in X$, 都有 $x = \sum_{k=1}^{m} f_j(x) e_j$, 可定义范数

$$\|x\|_{l_2} = \left(\sum_{j=1}^{m} |f_j(x)|^2\right)^{\frac{1}{2}}$$

根据定理 2.5, $\|x\|_{l_2}$ 与 X 上的原范数等价. 今若 $x_n \rightharpoonup x$, 即对任意的 $f \in X^*$, 有 $f(x_n) \to f(x)$, 从而 $f_j(x_n) \to f_j(x)$, 这说明在新坐标下, 有 $\|x_n - x\|_{l_2} \to 0$, 由范数等价, 对原范数 $\|x_n - x\| \to 0$. □

定理 4.15 设 X 是一个 Banach 空间, M^* 是 X^* 的一个稠密子集. 设 $x_n, x \in X, n = 1, 2, \cdots$, 则 x_n 弱收敛于 x 的充要条件是:

(1) $\|x_n\|$ 有界;

(2) $\lim_{n\to\infty} f(x_n) = f(x)$, $\forall f \in M^*$.

证明 只需将 x_n 看成 Banach 空间 X^* 上的有界泛函, 由(4.8) 知

$$x_n(f) = \langle x_n, f\rangle = f(x_n), \quad \forall f \in M$$

应用定理 4.12, 即得结论. □

定理 4.16 设 X 是一个 Banach 空间. 设 $x_n, x \in X, n = 1, 2, \cdots$. 若 x_n 弱收敛于 x, 则

(1) $\{x_n\}$ 有界;

(2) $x \in \overline{\text{span}(\{x_n\})} := M$, 即 x 在由 $\{x_n\}$ 生成的线性子空间的闭包中;

(3) $\|x\| \leqslant \liminf_{n\to\infty} \|x_n\|$.

证明 (1) 即定理 4.15 中的 (1).

(2) 用反证法. 假设 $x \notin M$, 则 $d = \rho(x, M) > 0$, 由定理 2.17, $\exists f \in X^*$, 使得 $f(x_n) = 0,\ n = 1, 2, \cdots$, $f(x) = d$. 因为 $x_n \rightharpoonup x$, $d = f(x) = \lim_{n\to\infty} f(x_n) = 0$, 矛盾!

(3) $\forall f \in X^*$, 有

$$|f(x)| = \lim_{n\to\infty} |f(x_n)| \leqslant \liminf_{n\to\infty} \|f\|\|x_n\| = \|f\| \liminf_{n\to\infty} \|x_n\|$$

由推论 4.1, 即得 $\|x\| \leqslant \liminf \|x_n\|$. □

4.3.1.2 X^* 空间上的收敛、弱收敛与弱 * 收敛

X^* 是一个 Banach 空间, 在 X^* 上可定义三种收敛. 首先是强收敛与弱收敛. 对于 $f_n, f \in X^*$, $f_n \rightharpoonup f$ 是指

$$x^{**}(f_n) \to x^{**}(f), \quad \forall x^{**} \in X^{**} \tag{4.22}$$

这个收敛需要遍历 X^{**} 中的所有 x^{**}.

由嵌入共轭定理 (定理 4.3) 知, 赋范线性空间 $X \subset X^{**}$, 且对于 $\forall f \in X^*$, 都有

$$x(f) = f(x), \quad \forall x \in X$$

于是在 X^* 上可以引入比弱收敛更弱的收敛.

定义 4.7 设 X 是一个赋范线性空间, $f, f_n \in X^*, n = 1, 2, \cdots$. 若

$$\lim_{n \to \infty} f_n(x) = f(x), \quad \forall x \in X \tag{4.23}$$

称 $\{f_n\}$ 弱 * 收敛于 f, 记成 $f_n \xrightarrow{w^*} f$.

(4.23) 等价于

$$x(f_n) \to x(f), \quad \forall x \in X \tag{4.24}$$

这个收敛需要遍历 X 中的所有 x.

通过对照(4.22)与(4.24), 以及 $X \subset X^{**}$, 不难得到如下结论.

命题 4.17 X^* 上的弱收敛意味着弱 * 收敛, 而且当 X 是一个自反 Banach 空间时, 弱 * 收敛与弱收敛等价.

定理 4.18 设 X 是一个 Banach 空间, M 是 X 的一个稠密子集. 设 $f_n, f \in X^*, n = 1, 2, \cdots$. 则 f_n 弱 * 收敛于 f 的充要条件是:

(1) $\|f_n\|$ 有界;

(2) $\lim_{n\to\infty} f_n(x) = f(x)$, $\forall x \in M$.

证明 直接应用定理 4.12于 $Y = \mathbb{K}$ 的情形即得结论. □

4.3.2 弱列紧 (选)

参照赋范线性空间 X 上由极限定义的概念, 可以由弱极限定义相应的概念.

定义 4.8 设 A 是赋范线性空间 X 的一个子集. 若 A 的所有弱极限点都属于 A, 则称 A 为弱闭的. 若 A 中任意点列有一个弱收敛的子列, 则称 A 是弱列紧的. 如果弱收敛的子列的弱极限属于 A, 则称 A 是弱自列紧的.

赋范线性空间有以下蕴含关系.

命题 4.19 在赋范线性空间 X 中:

(1) 弱自列紧蕴含弱闭, 弱闭蕴含闭集;

(2) 弱自列紧蕴含弱列紧, 弱列紧蕴含有界.

证明 显然弱自列紧蕴含弱闭和弱列紧.

弱闭 $\Rightarrow$ 闭. 设 M 是弱闭的. 任给 $x \in \bar{M}$, 则存在 M 中的点列 $\{x_n\}$ 使得 $x_n \to x$, 因而 $x_n \rightharpoonup x$, 据 M 的弱闭性, $x \in M$, 所以 M 是闭的.

弱列紧 $\Rightarrow$ 有界. X 的子集 M 弱列紧. 若 M 无界, 则存在序列 $\{x_n\} \subset M$, 使得 $\|x_n\| \to \infty$. 由弱列紧性知, 存在子列 $\{x'_n\} \subset \{x_n\}$ 使得 $\{x'_n\}$ 弱收敛, 于是 $\{\|x'_n\|\}$ 是有界的, 与 $\|x_n\| \to \infty$ 矛盾. □

赋范线性空间中子集的蕴含性质见图 4.6.

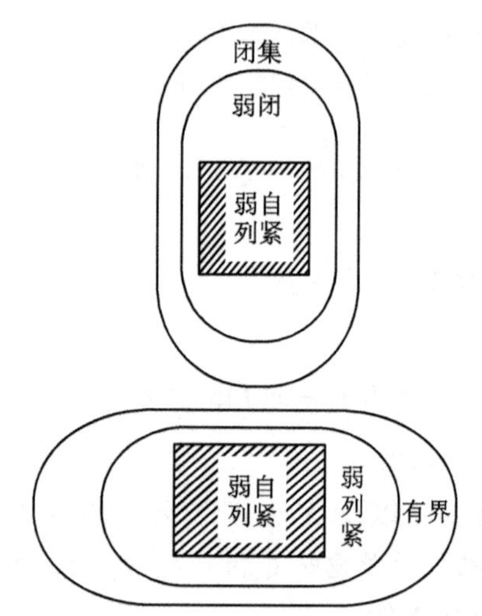

图 4.6 赋范线性空间中子集的蕴含性质

定义 4.9 设 $B \subset X^*$, 若 B 中任意点列有一个弱 * 收敛子列, 则称 B 是弱 * 列紧的.

接下来, 研究 X 与其对偶空间的穿越性质, 首先是第一个穿越性质.

命题 4.20 若 X 是一个可分赋范线性空间, 则 X^* 中任意有界集是弱 * 列紧的.

证明 设 $\{f_n\}$ 是 X^* 中有界集, 只要证它有弱 * 收敛子列即可.

因为 X 可分, 所以 X 有可数的稠密子集 $M = \{x_m\}$. 因为 $\{f_n\}$ 有界, 所以数集 $\{f_n(x_m) : n \in \mathbb{N}\}$ 对每个 x_m 都是有界的. 抽取子列 $\{f_{n_k}\}$, 使得对每个 $x_m \in M$, $\{f_{n_k}(x_m)\}_{k=1}^{\infty}$ 为收敛数列, 又由 M 在 X 中稠密以及 $\{f_n\}$ 有界, 由定理 4.18 知, $\forall x \in X$, $\{f_{n_k}(x)\}_{k=1}^{\infty}$ 为收敛数列, 记

$$\lim_{k\to\infty} f_{n_k}(x) = F(x)$$

则 $F(x)$ 是线性的, 且

$$|F(x)| = \lim_{k\to\infty} |f_{n_k}(x)| \leqslant \|x\| \liminf_{k\to\infty} \|f_{n_k}\|$$

从而 $F \in X^*$, 即得 $f_{n_k} \xrightarrow{w^*} F$. □

然后是第二个穿越性质.

命题 4.21 若 X 是一个赋范线性空间, 若 X^* 是可分的, 则 X 也是可分的.

证明 设 $\{f_n\}$ 是 X^* 的稠密子集. 令

$$g_n = \frac{f_n}{\|f_n\|}, \quad S_1^* = \{g : g \in X^*, \|g\| = 1\}$$

则 $\{g_n\}$ 是 S_1^* 的稠密子集. 因为 $\|g_n\| = \sup\{g_n(x) : \|x\| = 1\} = 1$, 可以选取 $\{x_n\} \subset X$ 使得

$$\|x_n\| = 1, \quad g_n(x_n) \geqslant \frac{1}{2}$$

记 $M = \operatorname{span}\{x_n\}$, 往证 $\bar{M} = X$. 如若不然, 则必有非零的 $x_0 \in X \setminus \bar{M}$, 从而 $x_0 \notin M$ 且 $\rho(x_0, M) > 0$, 则由推论 2.18 知, 存在 $g \in X^*$, 使得

$$\|g\| = 1, \quad g(x) = 0, \quad \forall x \in M$$

因而 $g \in S_1^*$, 于是对任意的 n, 有

$$\|g_n - g\| \geqslant |g_n(x_n) - g(x_n)| \geqslant g_n(x_n) \geqslant \frac{1}{2}$$

这与 $\{g_n\}$ 是 S_1^* 的稠密子集矛盾, 从而 X 可分. □

引理 4.22 若 X 是自反可分 Banach 空间, 则 X 的有界集是弱列紧的.

证明 因为 $X^{**} = X$ 是可分的, 故由上述引理知 X^* 是可分的. 由定理 4.20 知, X^{**} 中的有界集是弱 * 列紧的. 而当 $X^{**} = X$ 时, 由命题 4.17 知, 弱收敛等价于弱 * 收敛, 故 X 的有界集是弱列紧的. □

闭子集遗传自反性.

引理 4.23 若 X_0 是自反 Banach 空间 X 的闭子集, 则 X_0 也是自反的.

证明 考虑嵌入映射 $U_s : X_0 \to X_0^{**}$, 当 $s \in X_0$ 时, 记

$$U_s(f_0) = f_0(s)$$

欲证 $X_0^{**} \subset X_0$, 需证: $\forall z_0 \in X_0^{**}$, $\exists x_0 \in X_0$, 使得 $z_0 = U_{x_0}$.

对于 $\forall f \in X^*$, 记 $f|_{X_0}$ 为 f 在 X_0 上的限制, 定义 X^* 到 X_0^* 上的映射

$$T : f \mapsto f|_{X_0}$$

对于 $\forall s \in X_0$, $f(s) = T(f(s))$. 因为 $f|_{X_0} \in X_0^*$, 故有

$$\|T(f)\| = \|f|_{X_0}\| \leqslant \|f\|$$

所以 $T \in \mathcal{B}(X^*, X_0^*)$, 其共轭算子 $T^* : X_0^{**} \to X^{**}$ 满足

$$\langle T^* z_0, s\rangle = \langle z_0, Ts\rangle$$

则 $z := T^* z_0 \in X^{**}$. 由于 X 自反, $\exists x_0 \in X$, 使得

$$z(f) = f(x_0), \quad \forall f \in X^*$$

下证 $x_0 \in X_0$. 如若不然, 由定理 2.17, $\exists f \in X^*$, 使得

$$f(X_0) = 0, \quad f(x_0) = d := \rho(x, X_0) > 0$$

从而 $Tf = 0$, 但是

$$0 = z_0(Tf) = T^* z_0(f) = z(f) = f(x_0) = d > 0$$

所得矛盾证明了 $x_0 \in X_0$.

又对每一个 $f_0 \in X_0^*$, 由 Hahn-Banach 定理 (定理 2.13), $\exists f \in X^*$ 使得 $f_0 = Tf$, 于是

$$z_0(f_0) = z_0(Tf) = f(x_0) = f_0(x_0) = U_{x_0}(f_0)$$

这就证明了 $z_0 = U_{x_0}$. 证明思路见图 4.7. □

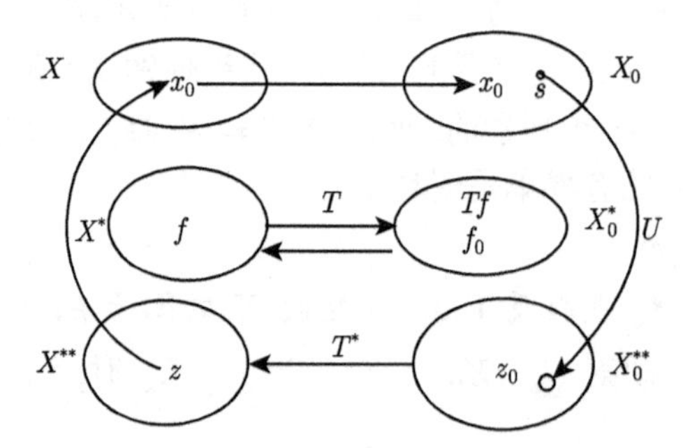

图 4.7 闭子集的自反性证明

定理 4.24 若 X 是自反 Banach 空间, 则 X 的子集是弱列紧的当且仅当它是有界集.

证明 必要性见命题 4.19. 下证充分性. 设 $\{x_n\}$ 是 X 的有界点列. 记 $X_0 = \overline{\text{span}\{x_n\}}$. 由引理 4.23, X 的自反性意味着 X_0 也是自反的. 又显然 X_0 是可分的. 由引理 4.22, $\{x_n\}$ 是 X_0 中的弱列紧列, 更是 X 的弱列紧列. □

定理 4.25 若 X 是自反 Banach 空间, 则 X 的子集是弱自列紧的当且仅当它是有界且弱闭的.

证明 必要性. X 的子集 M 弱自列紧, 因而是弱列紧的, 由定理 4.24, M 是有界的. 对于任意的弱收敛的点列 x_n, 其弱极限 $x \in M$, 故是弱闭的.

充分性. 由定理 4.24, M 的有界性意味着弱列紧性. 弱闭性意味着弱收敛的子列的极限属于 M, 因而是弱自列紧的. □

自反 Banach 空间中子集的性质如图 4.8 所示.

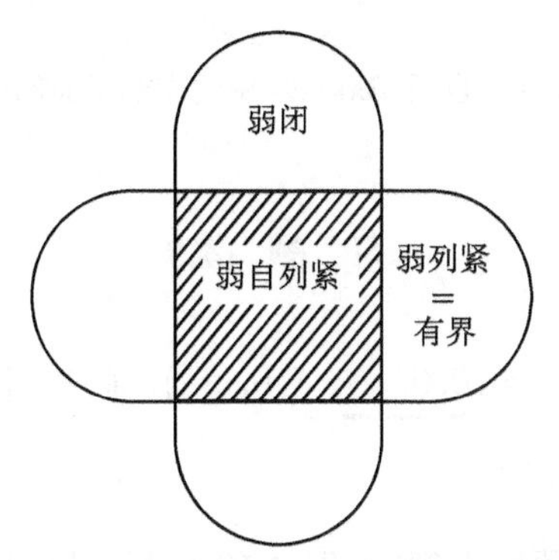

图 4.8 自反 Banach 空间中子集的性质

引理 4.26 若 M 是 Banach 空间 X 的凸子集, 则 M 是闭集当且仅当它是弱闭的.

证明 充分性见命题 4.19. 仅证必要性. 用反证法. 设 $x_n \rightharpoonup x_0$, $x_n \in M$ 但 $x_0 \notin M$. 由凸子集的性质可得定理 2.17 的条件: $d = \rho(x_0, M) > 0$, 因而 $\exists f \in X^*$, $d > 0$, 使得

$$0 = f(x) < d = f(x_0), \quad \forall x \in M$$

从而 $0 = f(x_n) < d = f(x_0)$, 这与 $x_n \rightharpoonup x_0$ 矛盾. □

结合引理 4.25和定理 4.26 得如下结论.

定理 4.27 若 X 是自反 Banach 空间, 则 X 的凸子集是弱自列紧的当且仅当它是有界且闭的.

自反 Banach 空间中凸子集的性质如图 4.9 所示. 与图 1.8 中 $\mathbb{R}^n$ 空间中的子集性质相比, 条件更强而结论较弱, 原因在于 Banach 空间未必是有限维的.

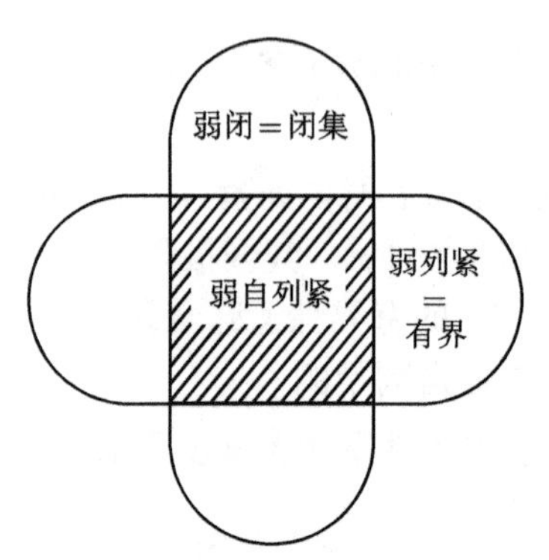

图 4.9 自反 Banach 空间中凸子集的性质

习 题 4.3

4.3.1. 设 $X = l^2$, $e_n = (\underbrace{0, 0, \cdots, 1}_{n}, 0, \cdots)$, 证明: $\{e_n\}$ 不强收敛于 θ(零元), 而 $\{e_n\}$ 弱收敛于 0.

4.3.2. 设 X, Y 是赋范线性空间, $T \in \mathcal{B}(X, Y)$, $\{x_n\}$ 是 X 中一点列, 若 $\{x_n\}$ 弱收敛于 x_0, 证明: $\{Tx_n\}$ 弱收敛于 Tx_0.

4.3.3. 设 $T_n \in \mathcal{B}(X, Y), n = 1, 2, \cdots$, 证明: $T_n \to T \Leftrightarrow \forall \varepsilon > 0, \exists N(\varepsilon)$, 使得 $n > N(\varepsilon)$ 时, 对所有的 $x \in X$ 且 $\|x\| = 1$, 有 $\|T_n x - Tx\| < \varepsilon$.

4.3.4. 设 E 是赋范线性空间 X 的闭线性子空间, 证明: 若 $\{x_n\} \subset E$, 且 $\{x_n\}$ 弱收敛于 x_0, 则 $x_0 \in E$.

4.3.5. 在实 (或复) 的赋范线性空间 X 中的弱 Cauchy 点列, 是指对 X 中的点列 $\{x_n\}$, $\forall f \in X^*$, 序列 $\{f(x_n)\}$ 是 $\mathbb{R}$ 或 $\mathbb{C}$ 中的 Cauchy 列. 证明: 弱 Cauchy 点列是有界的.

4.3.6. 赋范线性空间 X 中的每个弱 Cauchy 序列在 X 中都是弱收敛的, 则称 X 是弱完备的, 证明: 若 X 是自反的, 则 X 是弱完备的.

4.4 Banach 空间有界算子的谱

4.4.1 谱分解

X 是 Banach 空间, 给定算子 $A \in \mathcal{B}(X)$, A 的定义域记为 $D(A)$, 值域 $R(A) = \{Ax : x \in D\}$.

有限维情形 回到高等代数.

若 X 是 n 维空间, 算子 A 可以看成 $n\times n$ 的矩阵. 考虑线性变换何时是数乘变换

$$Ax=\lambda x$$

也就是求 A 的特征值 λ 和特征向量 (元) 使得

$$(\lambda I-A)x=0 \text{ 有非零解}$$

也就是

$$\ker(\lambda I-A)\neq\{0\}$$

其中 $\ker(\lambda I-A)=\{x:(\lambda I-A)x=0\}$. 特征方程

$$|\lambda I-A|=0$$

的解

$$\lambda_0,\cdots,\lambda_n$$

叫 A 的特征值 (谱), 也就是使得矩阵 $T(\lambda)=\lambda I-A$ 奇异的 λ 的值.

与此相反, 所有使得 $T(\lambda)$ 非奇异的 λ 的值叫做 A 的正则值. 有矩阵 A 的谱引起的复平面的分解:

$$\text{复平面 } \mathbb{C} \;=\; A \text{ 的特征根的全体 } \cup\; A \text{ 的正则值的全体}$$

无限维情形 泛函上考虑的是 X 为无限维的情形.

如下是一般算子的正则性定义.

定义 4.10 对于 Banach 空间 X, 称算子 $T\in\mathcal{B}(X)$ 是正则的, 如果 T^{-1} 在值域 X 上存在.

T 是正则的: T^{-1} 在 $R(T)$ 上存在, 且 $R(T)=X$(见图 4.10).

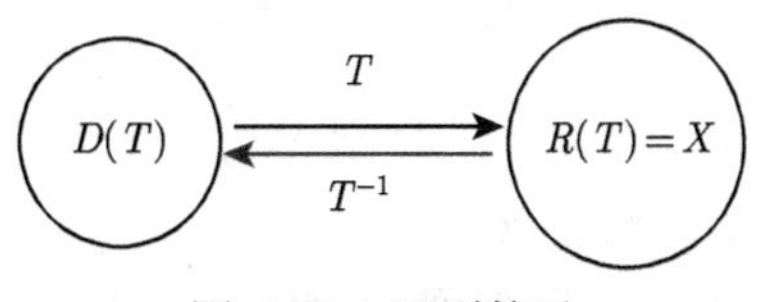

图 4.10 正则算子

对于 $A\in\mathcal{B}(X)$, $\lambda\in\mathbb{C}$, 仿照有限维情形, 为了研究算子的谱, 需要考察算子 $T(\lambda)=\lambda I-A$ 的逆算子的存在情况. 为了方便, 记 $R_\lambda(A)=(\lambda I-A)^{-1}$ 称为 A 的预解式.

可按 $T(\lambda)$ 的正则性对 $\mathbb{C}$ 中的复数初步分类:

$$\mathbb{C}\begin{cases}\text{正则} & \text{① } (\lambda I-A)^{-1}\text{存在}, \quad R(\lambda I-A)=X \\ \text{非正则}\begin{cases}\text{② } (\lambda I-A)^{-1}\text{不存在}\begin{cases}R(\lambda I-A)=X\\ R(\lambda I-A)\neq X\end{cases} \\ \text{③ } (\lambda I-A)^{-1}\text{存在}, \quad R(\lambda I-A)\neq X\end{cases}\end{cases}$$

(这里 "(不) 存在" 指 "在$R(\lambda I-A)$上 (不) 存在", 下同).

定义 4.11 设 X 是 Banach 空间, 给定算子 $A\in\mathcal{B}(X)$, $\lambda\in\mathbb{C}$.

(1) 若 $\lambda I-A$ 正则, 则称 λ 是算子 A 的正则值, 正则值的全体记为 $\rho(A)$;

(2) 不是正则值的复数称为 A 的谱, 其全体记作 $\sigma(A)$.

考察 A 的谱中最重要的部分.

定义 4.12 设 $\lambda\in\sigma(A)$, 称集合

$$\sigma_p(A)=\{\lambda\in\mathbb{C}:(\lambda I-A)^{-1}\text{不存在}\}$$

中的 λ 为 A 的点谱 (或特征值).

将 $\sigma(A)$ 中除了特征值以外的谱可以归入集合

$$\sigma_c(A)=\{\lambda\in\mathbb{C}:(\lambda I-A)^{-1}\text{存在, 但 } R(\lambda I-A)\neq X\}$$

而其中的值称为连续谱. 因此

$$\mathbb{C}\begin{cases}\text{① } \rho(A)\\ \sigma(A)\begin{cases}\text{② } \sigma_p(A)\\ \text{③ } \sigma_c(A)\end{cases}\end{cases}$$

当 $\lambda\in\sigma_p(A)$, 若有非零元 $x\in X$ 满足方程

$$(\lambda I-A)x=0$$

则称 x 为属于 λ 的特征元. $\ker(\lambda I-A)$ 就是方程的解空间.

接下来, 考虑点谱的等价性定义.

命题 4.28 设 X 是 Banach 空间, 给定算子 $A\in\mathcal{B}(X)$, 则有

$$\sigma_p(A)=\{\lambda\in\mathbb{C}:\ker(\lambda I-A)\neq\{0\}\}$$

证明 $(\lambda I-A)^{-1}$在$R(\lambda I-A)$上不存在, 这等价于 $\lambda I-A$ 不是 $D(T)$ 到 X 的一一映射, $(\lambda I-A)x=0$ 有非零解, 相当于 $\ker(\lambda I-A)\neq\{0\}$. □

从无限维空间再回到有限维空间. 解释为什么有限维空间的算子没有连续谱.

命题 4.29 设 X 是 Banach 空间, 给定算子 $A \in \mathcal{B}(X)$, 如果 $D(A) = X$, $\dim X < \infty$, 那么 $\sigma_p(A) = \sigma(A)$.

证明 要证 $\sigma_c(A) = \varnothing$, 仅需证明若 λ 不是特征根, 则它必是正则值. 令 $\dim X = n$, 并设 $(\lambda I - A)^{-1}$ 在 $R(\lambda I - A)$ 上存在, 则 $\lambda I - A$ 是 X 到 $R(\lambda I - A)$ 上是一对一的映射, 对于 X 中的一组基 $\{e_j\}_{j=1}^n$, 若可验证 $\{(\lambda I - A)e_j\}_{j=1}^n$ 是空间 $R(\lambda I - A)$ 中的 n 个线性无关的向量, 就有 $R(\lambda I - A) = X$, 也就是 $\sigma_c(A) = \varnothing$ 成立.

为了证 $\{(\lambda I - A)e_j\}_{j=1}^n$ 是线性无关的, 设有 n 个复数 $\alpha_1, \cdots, \alpha_n$, 使得

$$\sum_{j=1}^{n} \alpha_j (\lambda I - A) e_j = 0$$

也就是

$$(\lambda I - A) \sum_{j=1}^{n} \alpha_j e_j = 0$$

因此

$$\sum_{j=1}^{n} \alpha_j e_j = 0$$

由于 $\{e_j\}_{j=1}^n$ 是一组基, 必有 $\alpha_1 = \cdots = \alpha_n = 0$, 结论成立. □

4.4.2 谱分析 (选)

设 X 是 Banach 空间, 给定算子 $A \in B(X)$ 和 $\lambda \in \mathbb{C}$, 考虑预解式 $R_\lambda(A) = (\lambda I - A)^{-1}$ 关于 A(或 λ) 的幂级数, 称为 $R_\lambda(A)$ 的 Neumann 级数.

引理 4.30 设 X 是 Banach 空间, 给定算子 $A \in \mathcal{B}(X)$, $\|A\| < 1$, 则 $I - A$ 有定义在全空间上的有界逆算子:

$$(I - A)^{-1} = \sum_{k=0}^{\infty} A^k = I + A + A^2 + \cdots$$

这里的级数按 X 中的范数收敛.

证明 因为 $\|A^n\| \leqslant \|A\|^n$, 但 $\|A\| < 1$, 必有

$$\sum_{k=0}^{\infty} \|A^n\| < \sum_{k=0}^{\infty} \|A\|^n < \infty$$

故 $\sum_{k=0}^{\infty} A^n$ 按范数一致收敛于某有界算子 S, 下面验证 S 确实是 $I-A$ 的逆算子.

$$
\begin{aligned}
&(I-A)(I+A+A^2+\cdots+A^n) \\
&=(I+A+A^2+\cdots+A^n)-(A+A^2+\cdots+A^{n+1}) \\
&=I-A^{n+1}
\end{aligned}
$$

两边令 $n\to\infty$, 因 $\|A^{n+1}\|\leqslant\|A\|^{n+1}\to 0(n\to\infty)$, 故有 $(I-A)S=I$, 同理还有 $S(I-A)=I$, 由此则有 $S=(I-A)^{-1}$. □

注 4.3 说明使得 $1\in\rho(A)$ 的 (充分) 条件是 $\|A\|<1$.

考虑到

$$
R_\lambda(A)=(\lambda I-A)^{-1}=\lambda^{-1}(I-\lambda^{-1}A)^{-1}
$$

根据引理 4.30, 则有展式 (和收敛条件)

$$
R_\lambda(A)=\sum_{k=0}^{\infty}\lambda^{-(k+1)}A^k, \quad \|A\|<|\lambda|
$$

这表明 $\{\lambda:|\lambda|>\|A\|\}\subset\rho(A)$, 而 $\rho(A)$ 非空. 由此可证明下面关于谱集的有界性定理.

定理 4.31 Banach 空间 X, 对算子 $A\in\mathcal{B}(X)$, 有 $\sigma(A)\subset\{\lambda:|\lambda|\leqslant\|A\|\}$, 这说明 $\sigma(A)$ 是有界集.

进一步, 还有谱集的闭集性质.

定理 4.32 设 X 是 Banach 空间, 算子 $A\in\mathcal{B}(X)$, 则 $\sigma(A)$ 是闭集.

证明 仅需证明 $\rho(A)$ 是开集. 由于 $\rho(A)$ 非空, 给定 $\lambda_0\in\rho(A)$, 则 $\forall\lambda\in\mathbb{C}$ 有

$$
\begin{aligned}
\lambda I-A&=\lambda_0 I-A-(\lambda_0-\lambda)I \\
&=(\lambda_0 I-A)(I-(\lambda_0 I-A)^{-1}(\lambda_0-\lambda))
\end{aligned} \tag{4.25}
$$

由 $\lambda_0\in\rho(A)$, $(\lambda_0 I-A)^{-1}$ 有界, 令 $\varepsilon=\|(\lambda_0 I-A)^{-1}\|^{-1}$, 取 $U(\lambda_0,\varepsilon)$. $\forall\lambda\in U(\lambda_0,\varepsilon)$ 有 $|\lambda-\lambda_0|\leqslant\|(\lambda_0 I-A)^{-1}\|^{-1}$, 则

$$
\|(\lambda-\lambda_0)(\lambda_0 I-A)^{-1}\|\leqslant 1,
$$

由引理 4.30 知

$$
V=I-(\lambda-\lambda_0)(\lambda_0 I-A)^{-1}
$$

有定义在全空间上的有界逆算子 V^{-1}, 故根据(4.25), $\lambda I - A$ 也有逆,

$$(\lambda I - A)^{-1} = V^{-1}(\lambda_0 I - A)^{-1}$$

是定义在全空间上的有界算子, 因此 $\lambda \in \rho(A)$, 至此我们得到 $U(\lambda_0, \varepsilon) \subset \rho(A)$, 故 $\rho(A)$ 是开集. □

定义 4.13 设 $A \in \mathcal{B}(X)$, 称

$$r(A) = \sup\{|\lambda| : \lambda \in \sigma(A)\}$$

是 A 的谱半径.

考虑到级数 $\sum_{k=0}^{\infty} \lambda^k a_k$ 的收敛半径是 $\lim_{n\to\infty} |a_k|^{\frac{1}{k}}$, 这启示我们应该比较 $r(A)$ 与 $\lim_{k\to\infty} \|A^k\|^{\frac{1}{k}} := r$.

对于任意的 $\varepsilon > 0$, 存在 K, 使得对任意的 $k > K$ 时都有 $\|A^k\|^{\frac{1}{k}} \leqslant r + \dfrac{\varepsilon}{2}$. 当 $|\lambda| \geqslant r + \varepsilon$ 时就有

$$\|\lambda^{-k} A^{k-1}\| \leqslant |\lambda|^{-k} \|A^{k-1}\| \leqslant (r+\varepsilon)^{-k} \left(r + \frac{\varepsilon}{2}\right)^{k-1}$$

故 $R_\lambda(A)$ 的 Neumann 级数在 $|\lambda| > r$ 时是收敛的, 意味着 $\{|\lambda| > r\} \subset \rho(A)$, 也就是 $\sigma(A) \subset \{|\lambda| \leqslant r\}$, 即 $r(A) \leqslant r$.

对任意的 $\varepsilon > 0$, 由于 $\lambda_0 = r(A) + \varepsilon \in \rho(A)$, 因而

$$R_{\lambda_0}(A) = \sum_{k=0}^{\infty} (r(A)+\varepsilon)^{-(k+1)} A^k < \infty$$

则存在 $m > 0$ 使得

$$\|(r(A)+\varepsilon)^{-(k+1)} A^k\| \leqslant m$$

于是

$$\|A^k\| \leqslant m(r(A)+\varepsilon)^{k+1}$$

故

$$r = \lim_{k\to\infty} \|A^k\|^{\frac{1}{k}} \leqslant r(A) + \varepsilon$$

故 $r \leqslant r(A)$.

至此, 可以指出谱半径有如下的计算公式.

定理 4.33 设 $A \in \mathcal{B}(X)$, 则

$$r(A) = \lim_{k\to\infty} \|A^k\|^{\frac{1}{k}}$$

参 考 文 献

程其襄, 张奠宙, 魏国强, 阎革兴, 钱自强, 1983. 实变函数与泛函分析基础. 北京: 高等教育出版社.

郭懋正, 2005. 实变函数与泛函分析. 北京: 北京大学出版社.

胡适耕, 2001. 泛函分析. 北京: 高等教育出版社.

江泽坚, 孙善利, 2005. 泛函分析. 2 版. 北京: 高等教育出版社.

林金坤, 1998. 拓扑学基础. 北京: 科学出版社.

刘炳初, 1998. 泛函分析. 北京: 科学出版社.

刘培德, 2001. 泛函分析基础. 北京: 科学出版社.

孙清华, 侯谦民, 孙昊, 2005. 泛函分析内容、方法与技巧. 武汉: 华中科技大学出版社.

童裕孙, 2003. 泛函分析教程. 上海: 复旦大学出版社.

许天周, 2002. 应用泛函分析. 北京: 科学出版社.

尤承业, 1997. 基础拓扑学讲义. 北京: 北京大学出版社.

张恭庆, 林源渠, 1987. 泛函分析讲义: 上册. 北京: 北京大学出版社.

附录 A　本书的小结

A.1　知识体系

对本书做一些总结. 将空间结构归纳为图 A.1, 本书的主要理论框架如图 A.2 所示.

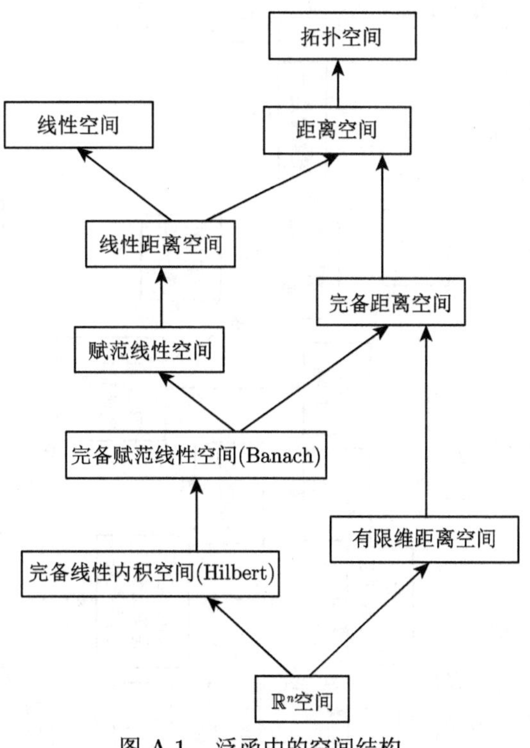

图 A.1　泛函中的空间结构

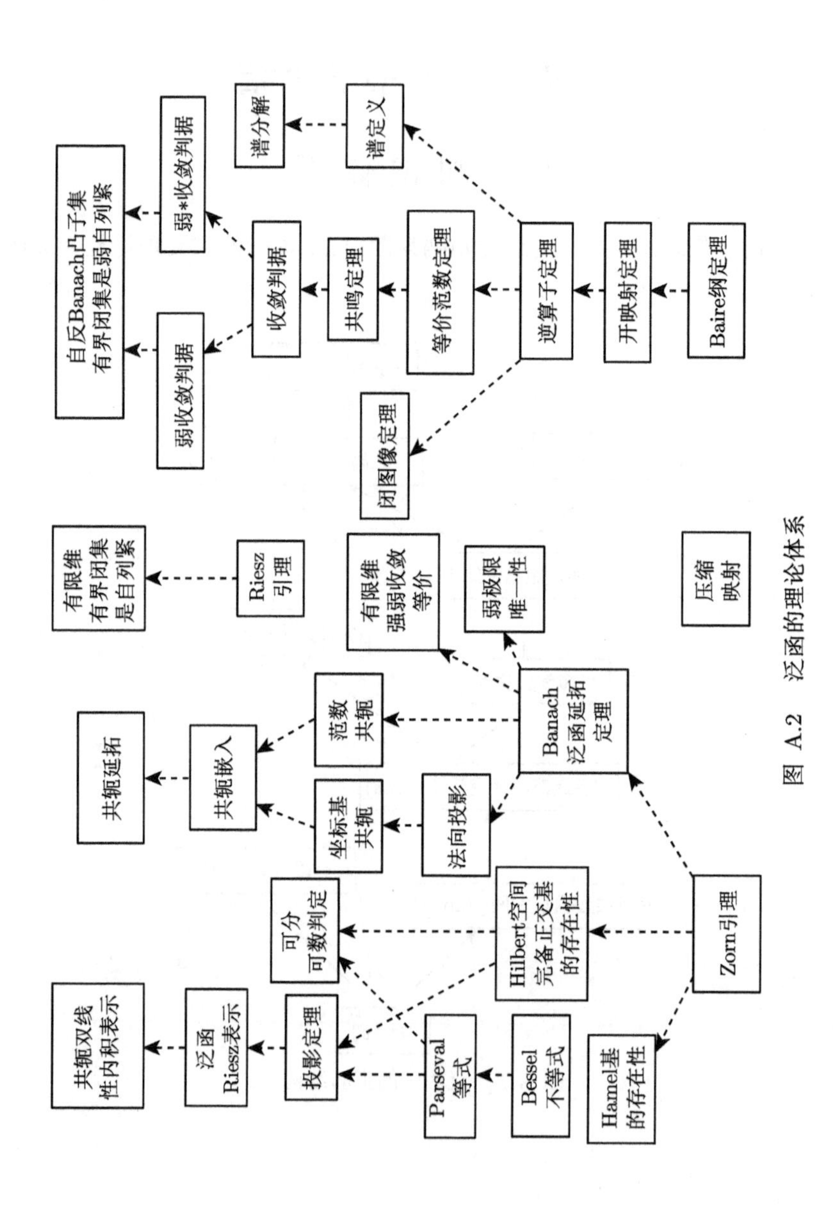

自反Banach凸子集
有界闭集是弱自列紧
弱*收敛判据
弱收敛判据
收敛判据
谱分解
谱定义
共鸣定理
等价范数定理
逆算子定理
开映射定理
Baire纲定理
闭图像定理
有限维
有界闭集
是自列紧
Riesz
引理
有限维
强弱收敛
等价
弱极限
唯一性
压缩
映射
Banach
泛函延拓
定理
范数
共轭
共轭嵌入
共轭延拓
坐标基
共轭
法向投影
可分
可数判定
Hilbert空间
完备正交基
的存在性
Zorn引理
共轭双线
性内积表示
泛函
Riesz表示
投影定理
Parseval
等式
Bessel
不等式
Hamel基
的存在性

图 A.2　泛函的理论体系

A.2 复习提纲

1. 度量空间中闭包的等价性定义.

2. 度量空间中子集的性质.

3. 完备度量空间中子集的性质.

4. 有限维度量空间中子集的性质.

5. 拓扑空间与度量空间中的连续映射之间的联系.

6. 叙述并证明压缩映射原理.

7. 给出完备空间中稀疏集的定义. 证明 S 是稀疏集的充要条件是 $\bar{S}$ 不包含内点 (即 $(\bar{S})^{\circ}=\varnothing$).

8. A 是赋范线性空间 X 到 Y 赋范线性空间的线性算子, 写出 A 的连续性与有界性的定义, 并证明它们是等价的.

9. $A\in\mathcal{B}(X,Y)$, X 与 Y 是赋范线性空间. 写出算子 A 的范数的 4 种定义, 并证明它们的等价性.

10. 叙述 Hilbert 空间中的标准正交基的定义及其判据.

11. Hilbert 空间中的 Cauchy-Schwarz 不等式、Bessel 不等式和 Parseval 等式.

12. Hilbert 空间中的投影定理与 Riesz 表示定理.

13. Hilbert 空间中的共轭算子.

14. X 与 Y 是 Banach 空间, 证明 $\mathcal{B}(X,Y)$ 是一个 Banach 空间.

15. 叙述实赋范线性空间上的泛函延拓定理.

16. Banach 空间 $X, Y, \mathcal{B}(X,Y), X^*, Y^*, \mathcal{B}(Y^*,X^*), X^{**}, Y^{**}, \mathcal{B}(X^{**},Y^{**})$ 的定义.

17. 叙述 Banach 空间中基于 Baire 纲定理的 5 个基本定理.

18. Banach 空间 X 上的收敛性定义及其关系, 并证明它们的关系.

19. Banach 空间 X^* 上的收敛性定义及其关系, 并证明它们的关系.

20. 泛函分析中各种空间的联系.

附录 B　习题参考答案详解

习题 1.1

1.1.1. 证明: 利用 Cauchy 不等式

$$\left(\sum_{k=1}^{n} a_k b_k\right)^2 \leqslant \left(\sum_{k=1}^{n} a_k^2\right)\left(\sum_{k=1}^{n} b_k^2\right)$$

得到

$$\begin{aligned}\sum_{k=1}^{n}(a_k+b_k)^2 &= \sum_{k=1}^{n} a_k^2 + 2\sum_{k=1}^{n} a_k b_k + \sum_{k=1}^{n} b_k^2 \\ &\leqslant \sum_{k=1}^{n} a_k^2 + 2\left(\sum_{k=1}^{n} a_k^2\right)^{\frac{1}{2}}\left(\sum_{k=1}^{n} b_k^2\right)^{\frac{1}{2}} + \sum_{k=1}^{n} b_k^2 \\ &= \left[\left(\sum_{k=1}^{n} a_k^2\right)^{\frac{1}{2}} + \left(\sum_{k=1}^{n} b_k^2\right)^{\frac{1}{2}}\right]^2\end{aligned}$$

在 $\mathbb{R}^n$ 中, 任取 $x=\{\xi_k\}_{k=1}^n, y=\{\eta_k\}_{k=1}^n, z=\{\zeta_k\}_{k=1}^n$, 利用上述结果, 令 $a_k = \xi_k-\zeta_k, b_k=\zeta_k-\eta_k$, 则

$$\left[\sum_{k=1}^{n}(\xi_k-\eta_k)^2\right]^{\frac{1}{2}} \leqslant \left[\sum_{k=1}^{n}(\xi_k-\zeta_k)^2\right]^{\frac{1}{2}} + \left[\sum_{k=1}^{n}(\zeta_k-\eta_k)^2\right]^{\frac{1}{2}}$$

即 $\rho(x,y)\leqslant\rho(x,z)+\rho(z,y)$, 因此, $\mathbb{R}^n$ 关于 $\rho(x,y)$ 构成度量空间.

1.1.2. 证明: 正定性和对称性显然成立. 现证三角不等式. 首先需要证不等式: 对任意实数 a,b,

$$\frac{|a+b|}{1+|a+b|} \leqslant \frac{|a|}{1+|a|} + \frac{|b|}{1+|b|}$$

定义函数 $f(t)=\dfrac{t}{1+t}$, 显见 $f(t)$ 是 $(0,+\infty)$ 上单调递增函数, 故

$$\frac{|a+b|}{1+|a+b|} \leqslant \frac{|a|+|b|}{1+|a|+|b|}$$

$$
\begin{aligned}
&= \frac{|a|}{1+|a|+|b|} + \frac{|b|}{1+|a|+|b|} \\
&\leqslant \frac{|a|}{1+|a|} + \frac{|b|}{1+|b|}
\end{aligned}
$$

对任意 $z = \{z_i\}_{i=1}^{\infty} \in S$, 利用上述不等式, 得

$$
\begin{aligned}
\rho(x,y) &= \sum_{i=1}^{\infty} \frac{1}{2^i} \frac{|x_i - z_i + z_i - y_i|}{1+|x_i - z_i + z_i - y_i|} \\
&\leqslant \sum_{i=1}^{\infty} \frac{1}{2^i} \frac{|x_i - z_i|}{1+|x_i - z_i|} + \sum_{i=1}^{\infty} \frac{1}{2^i} \frac{|z_i - y_i|}{1+|z_i - y_i|} \\
&= \rho(x,z) + \rho(z,y)
\end{aligned}
$$

所以 $\rho(x,y)$ 是 S 上的一个度量.

1.1.3. 解: (1) 不是度量. 不满足三角不等式. 例取 $x = t, z = 0, y = -t(t \in \mathbb{R}, t \neq 0)$, 此时

$$
\rho(t,-t) > \rho(t,0) + \rho(0,-t)
$$

(2) 是度量, 正定性和对称性满足. 而

$$
|x-y| \leqslant |x-z| + |z-y| \leqslant (|x-z|^{\frac{1}{2}} + |z-y|^{\frac{1}{2}})^2
$$

所以

$$
\rho(x,y) \leqslant \rho(x,z) + \rho(z,y)
$$

1.1.4. 证明: (1) $\rho(x,y) = \sup_{j\geqslant 1} |\xi_j - \eta_j| \geqslant 0$, $x = y \Longleftrightarrow \rho(x,y) = 0$;

(2) $\rho(x,y) = \rho(y,x)$;

(3) 对任意 $x = \xi_j, y = \eta_j, z = \zeta_j$, 有

$$
\begin{aligned}
|\xi_j - \eta_j| &= |(\xi_j - \zeta_j) + (\zeta_j - \eta_j)| \\
&\leqslant |(\xi_j - \zeta_j)| + |(\zeta_j - \eta_j)| \\
&\leqslant \sup_{j\geqslant 1} |(\xi_j - \zeta_j)| + \sup_{j\geqslant 1} |(\zeta_j - \eta_j)|, \quad j = 1, 2, \cdots
\end{aligned}
$$

即 $\rho(x,y) \leqslant \rho(x,z) + \rho(y,z)$. 所以 l^{∞} 是度量空间.

1.1.5. 证明: (1) 对于任意 $x \in U(x_0, r)$, 则 $\rho(x, x_0) = d_1 < r$, 故 $U\left(x, \dfrac{r-d_1}{2}\right) \subset U(x_0, r)$, 即为开集.

(2) 任取 $y \notin \bar{U}(x_0, r)$, 则 $\rho(x_0, y) = d_2 > r$, 所以 $U\left(y, \dfrac{d_2 - r}{2}\right) \subset \bar{U}(x_0, r)^C$. 即 $\bar{U}(x_0, r)^C$ 是开集, 故 $\bar{U}(x_0, r)$ 是闭集.

1.1.6. 证明: (1) 因 f 的值域为 $[0, \infty)$, 故 d_1 是非负的, 且当 $d_1(x, y) = 0$ 时, 有 $f(d(x, y)) = 0$, 由于 $f(0) = 0$ 及 f 的严格单调性知 $d(x, y) = 0 \Leftrightarrow x = y$;

(2) $d_1(x, y) = f(d(x, y)) = f(d(y, x)) = d_1(y, x)$;

(3) $d_1(x, z) = f(d(x, z)) \leqslant f(d(x, y)) + f(d(y, z)) = d_1(x, y) + d_1(y, z)$.

因此 $d_1(x, y) = f(d(x, y))$ 也是 X 上的距离.

1.1.7. 证明: (1) $\Rightarrow$ (2). $\forall x \in X$, 若 $x \in E$, 则 $x \in \bar{E}$;

若 $x \notin E$, 则 $\forall U(x), (U(x) \backslash x) \cap E = U(x) \cap E \neq \varnothing$, 得 $x \in E' \subset \bar{E}$. 所以 $X = \overline{E}$.

(2) $\Rightarrow$ (3). 若 $X = \bar{E}$, 则 $\forall x \in X$, 有 $x \in E$ 或 $x \in E'$.

当 $x \in E$, 取 $x_n = x, n = 1, 2, \cdots$, 即有 $x_n \to x$;

当 $x \in E'$, 由聚点定义, 必存在 $\{x_n\} \subset E$, 使得 $x_n \to x$.

(3) $\Rightarrow$ (1). 若 $\forall x \in X, \exists \{x_n\} \subset E$, 使得 $x_n \to x$, 故 $\forall U(x), \exists n_0 \in \mathbb{N}$, 使得 $n > n_0$ 时, $x_n \in U(x)$. 于是 $U(x) \cap E \neq \varnothing$.

习题 1.2

1.2.1. 证明: 取 E 是 l^p 中形如 $y = (y_1, y_2, \cdots, y_n, 0, 0, \cdots)$ 的所有元素的集合, 其中 n 是任意正整数, $y_j (j = 1, 2, \cdots, n)$ 是任意的有理数, 则 E 是可列的.

下面证 E 在 l^p 中稠密. $\forall \varepsilon > 0$, 对任何 $x = \{\xi_j\} \in l^p, \xi_j (j = 1, 2, \cdots)$ 是实数, 都存在正整数 n, 使 $\sum_{j=n+1}^{\infty} |\xi_j|^p < \dfrac{\varepsilon^p}{2}$. 选取有理数 $y_j, j = 1, \cdots, n$, 使得 $\sum_{j=1}^{n} |\xi_j - y_j|^p < \dfrac{\varepsilon^p}{2}$.

令 $y_0 = (y_1, y_2, \cdots, y_n, 0, 0, \cdots)$, 则 $y_0 \in E$.

$$[d(x, y_0)]^p = \sum_{j=1}^{n} |\xi_j - y_j|^p + \sum_{j=n+1}^{\infty} |\xi_j|^p < \varepsilon^p$$

从而 $d(x, y_0) < \varepsilon$. 因此距离空间 (l^p, d) 是可分的.

1.2.2. 证明: 取 $x^{(k)} = (x_1^{(k)}, x_2^{(k)}, \cdots, x_n^{(k)})$, $k = 1, 2, \cdots$, 是 $\mathbb{R}^n$ 中的基本列, 则由

$$|x_i^{(k)} - x_i^{(l)}| \leqslant \left(\sum_{i=1}^{n} |x_i^{(k)} - x_i^{(l)}|^2\right)^{1/2} = d(x^{(k)}, x^{(l)}), \quad i = 1, 2, \cdots, n$$

易知, 对每一个 i, $\{x_i^{(k)}\}$ 是基本列. 利用实数的 Cauchy 准则可知, 存在实数 x_i, 使得

$$\lim_{k\to\infty} x_i^{(k)} = x_i, \quad i=1,2,\cdots,n$$

令 $x=(x_1,x_2,\cdots,x_n)\in\mathbb{R}^n$, 于是有

$$d(x^{(k)},x)=\left(\sum_{i=1}^{n}|x_i^{(k)}-x_i|^2\right)^{1/2}\to 0 \quad (k\to\infty)$$

即点列 $\{x^{(k)}\}$ 在 $\mathbb{R}^n$ 中收敛, 且收敛于 x. 综上可得, $\mathbb{R}^n$ 空间是完备的.

习题 1.3

1.3.1. 证明: 因为

$$\begin{aligned} d(Tx,Ty)&=|Tx-Ty|=\left|\frac{x-y}{2}+\frac{y-x}{xy}\right| \\ &=\left|\frac{1}{2}-\frac{1}{xy}\right||x-y|\leqslant\frac{1}{2}|x-y|=\frac{1}{2}d(x,y)\end{aligned}$$

所以 T 是压缩映射.

1.3.2. 证明: 作映射 $T:[0,1]\to[0,1], Tx=\dfrac{1}{6}(1-x^3), \forall x,y\in[0,1]$,

$$|Tx-Ty|=\frac{1}{6}|x-y||x^2+xy+y^2|\leqslant\frac{1}{2}|x-y|.$$

由于 T 是压缩的, $[0,1]$ 是完备的, 故存在唯一的不动点.

1.3.3. 证明: 设 $x_n=\{x_1^{(n)},x_2^{(n)},\cdots,x_k^{(n)},\cdots\}$ 为 l^p 中 Cauchy 列, $\forall\varepsilon>0,\exists N\in\mathbb{Z}^+$, 当 $m,n>N$ 时, 有

$$d(x_m,x_n)=\left(\sum_{k=1}^{\infty}|x_k^{(m)}-x_k^{(n)}|^p\right)^{\frac{1}{p}}<\varepsilon$$

对于每一个 k, 当 $m,n>N$, 均有 $|x_k^{(m)}-x_k^{(n)}|<\varepsilon$, 若固定 k, $\{x_k^{(n)}\}$ 是 $\mathbb{R}$ 中的 Cauchy 列, 由于 $\mathbb{R}$ 完备, 故 $\exists x_k\in\mathbb{R}$ 使 $x_k^{(n)}\to x_k(n\to\infty;k=1,2,\cdots)$, 令 $x=\{x_1,x_2,\cdots,x_k,\cdots\}$.

下证 $x\in l^p$, $x_n\to x$. 由上面不等式知, 当 $m,n>N$ 时, 有 $\sum_{k=1}^{s}|x_k^{(m)}-x_k^{(n)}|^p<\varepsilon^p, s=1,2,\cdots$. 令 $m\to\infty$, $\sum_{k=1}^{s}|x_k-x_k^{(n)}|^p\leqslant\varepsilon^p, n>N$, 令 $s\to\infty$,

$\sum_{k=1}^{\infty}|x_k - x_k^{(n)}|^p \leqslant \varepsilon^p, n > N$, 从而 $x - x_n \in l^p, x_n \in l^p$. 由 Minkowski 不等式, 有

$$\left(\sum_{k=1}^{\infty}|x_k|^p\right)^{\frac{1}{p}} = \left(\sum_{k=1}^{\infty}|x_k - x_k^{(n)} + x_k^{(n)}|^p\right)^{\frac{1}{p}}$$

$$\leqslant \left(\sum_{k=1}^{\infty}|x_k - x_k^{(n)}|^p\right)^{\frac{1}{p}} + \left(\sum_{k=1}^{\infty}|x_k^{(n)}|^p\right)^{\frac{1}{p}} \leqslant +\infty$$

即 $x \in l^p$, $d(x_n, x) < \varepsilon$, 即 $x_n \to x(n \to \infty)$. 因此 l^p 完备.

习题 2.1

2.1.1. 证明: 逐一验证范数的三条公理.

(1) $\|x\|_\infty \geqslant 0$, 且 $\|x\|_\infty = 0 \Leftrightarrow x = 0$;

(2) $\|\alpha x\|_\infty = |\alpha|\|x\|_\infty(\alpha \in \mathbb{K})$;

(3) 下证三角不等式

$$\|x + y\|_\infty = \max_{1 \leqslant i \leqslant n}|\xi_i + \eta_i| \leqslant \max_{1 \leqslant i \leqslant n}(|\xi_i| + |\eta_i|)$$

$$\leqslant \max_{1 \leqslant i \leqslant n}|\xi_i| + \max_{1 \leqslant i \leqslant n}|\eta_i| = \|x\|_\infty + \|y\|_\infty$$

所以 $\|x\|_\infty$ 是 $\mathbb{R}^n$ 上的一个范数.

2.1.2. 证明: (1) 先证 $U(x_0, r)$ 为开集. $\forall x \in U(x_0, r)$, 则 $\|x - x_0\| < r$, 令 $r_1 = (r - \|x - x_0\|)/2$, 则有 $U(x, r_1) \subset U(x_0, r)$, 故 $U(x_0, r)$ 为开集.

(2) 再证 $U(x_0, r)$ 为凸集. $\forall x_1, x_2 \in U(x_0, r)$, 有 $\|x_1 - x_0\| < r, \|x_2 - x_0\| < r$, 令 $x = \lambda x_1 + (1-\lambda)x_2, 0 \leqslant \lambda \leqslant 1$, 则有

$$\|x - x_0\| = \|\lambda x_1 + (1-\lambda)x_2 - [\lambda x_0 + (1-\lambda)x_0]\|$$

$$= \|\lambda(x_1 - x_0) + (1-\lambda)(x_2 - x_0)\|$$

$$\leqslant \lambda\|x_1 - x_0\| + (1-\lambda)\|x_2 - x_0\|$$

$$\leqslant \lambda r + (1-\lambda)r = r$$

故 $x \in U(x_0, r)$, 从而 $U(x_0, r)$ 是凸集.

2.1.3. 证明: 由收敛数列的有界性知, $c_0 \subset l^\infty$. 对于 $\forall x = (\xi_1, \xi_2, \cdots, \xi_i, \cdots)$, $y = (\eta_1, \eta_2, \cdots, \eta_i, \cdots) \in c_0$. 有 $\lim_{i\to\infty}\xi_i = 0$, $\lim_{i\to\infty}\eta_i = 0$, 故对任意常数 α, β, 必有 $\lim_{i\to\infty}(\alpha\xi_i + \beta\eta_i) = 0$, 因此

$$\alpha x + \beta y = \{\alpha\xi_i + \beta\eta_i\}_{i=1}^{\infty} \in c_0$$

故 c_0 是 l^∞ 的线性子空间.

再证 c_0 是闭空间. 设 $x^{(k)} = \{x_n^{(k)}\}_{n=1}^\infty \in c_0$, $x^{(0)} = \{x_n^{(0)}\}_{n=1}^\infty \in l^\infty$, 且

$$\|x^{(k)} - x^{(0)}\| = \sup_n |x_n^{(k)} - x_n^{(0)}| < \frac{\varepsilon}{2}$$

则 $\forall \varepsilon > 0, \exists N_1 \in \mathbb{N}$, 当 $k > N_1$ 时, 有

$$\|x^{(0)}\| \leqslant |x_n^{(k)}| + |x_n^{(k)} - x_n^{(0)}| < |x_n^{(k)}| + \frac{\varepsilon}{2}$$

固定 k, 由 $\lim_{n\to\infty} x_n^{(k)} = 0, \exists N$, 当 $n > N$ 时, 有 $|x_n^{(k)}| < \frac{\varepsilon}{2}$. 于是

$$|x_n^{(0)}| < |x_n^{(k)}| + \frac{\varepsilon}{2} < \varepsilon$$

故 $x^{(0)} \in c_0$, c_0 是 l^∞ 的闭子空间.

2.1.4. 证明: (1)$\|x\| \geqslant 0$ 并且 $\|x\| = 0 \Leftrightarrow \|x_1\|_1 = \|x_2\|_2 = 0 \Leftrightarrow x = (0,0)$;

(2) $\|\alpha x\| = \max(\|\alpha x_1\|_1, \|\alpha x_2\|_2) = |\alpha|\|x\|$;

(3) 三角不等式成立.

设 $x = (x_1, x_2), y = (y_1, y_2)$,

$$\begin{aligned}
\|x + y\| &= \max(\|x_1 + y_1\|_1, \|x_2 + y_2\|_2) \\
&\leqslant \max(\|x_1\|_1 + \|y_1\|_1, \|x_2\|_2 + \|y_2\|_2) \\
&\leqslant \max(\|x_1\|_1, \|x_2\|_2) + \max(\|y_1\|_1, \|y_2\|_2) \\
&= \|x\| + \|y\|
\end{aligned}$$

因此满足范数的三个条件, 是 $X_1 \times X_2$ 上的范数.

2.1.5. 证明: 显然 $\|x\|_1 \leqslant \|x\|_2$. 另一方面

$$\begin{aligned}
\|x\|_2^2 &= \int_0^1 (1+t)|x(t)|^2 dt \\
&= \int_0^1 |x(t)|^2 dt + \int_0^1 t|x(t)|^2 dt \\
&\leqslant 2\int_0^1 |x(t)|^2 dt = 2\|x\|_1^2
\end{aligned}$$

习题 2.2

2.2.1. 证明: $\forall f \in L[a,b]$, 使得 $\|f\| = \int_a^b |f(t)|dt = 1$, 而

$$\|Tf\| = \max_x |(Tf)(x)| = \max_x \left|\int_a^x f(t)dt\right|$$
$$\leqslant \max_x \int_a^x |f(t)|dt = \int_a^b |f(t)|dt = 1$$

即得 $\|T\| \leqslant 1$.

另一方面, 取 $f_0(t) = \dfrac{1}{b-a}$, 有 $f_0 \in L[a,b], \|f_0\| = 1$. 故

$$\|T\| = \sup_{\|f\|=1} \|Tf\| \geqslant \|Tf_0\| = \max_x \int_a^x \frac{1}{b-a}dt = \int_a^b \frac{1}{b-a}dt = 1$$

即 $\|T\| \geqslant 1$. 综上得 $\|T\| = 1$.

2.2.2. 解: 易得 T 是线性的. 一方面,

$$\|Tx\| = \sum_{n=1}^{\infty} |\alpha_n x_n| \leqslant \sum_{n=1}^{\infty} |\alpha_n| \left(\sup_{n\geqslant 1} |x_n|\right) = \alpha\|x\|$$

所以 $\|T\| \leqslant \alpha = \sum_{n=1}^{\infty} |\alpha_n|$.

另一方面, 对于 $\forall \varepsilon > 0, \exists k$, 使得 $\sum_{i=1}^{k} |\alpha_i| > \alpha - \varepsilon$. 取 $x^{(k)} = (\underbrace{1, 1, \cdots, 1}_{k}, 0, \cdots)$, 则 $\|x^{(k)}\| = 1, x^{(k)} \in c_0$. 于是

$$\|T\| \geqslant \|Tx^{(k)}\| = \sum_{i=1}^{k} |\alpha_i| > \alpha - \varepsilon$$

由 ε 的任意性, 故 $\|T\| \geqslant \alpha$. 综上得 $\|T\| = \alpha = \sum_{n=1}^{\infty} |\alpha_n|$.

2.2.3. 证明: 先证线性,$f(\lambda_1 x + \lambda_2 y) = \lambda_1 f(x) + \lambda_2 f(y)$. 因

$$|f(x)| = \left|\int_a^b |x(t)|dt\right| \leqslant |b-a| \max_{a\leqslant t\leqslant b} |x(t)| = |b-a|\|x\|$$

故有界. 而 $\|f\| = \sup_{x\neq 0} \dfrac{|f(x)|}{\|x\|} \leqslant |b-a|$. 又取 $x(t) = 1, \|f\| \geqslant \dfrac{|f(1)|}{\|1\|} = |b-a|$, 故 $\|f\| = |b-a|$.

2.2.4. 解：一方面，

$$f(x)=\int_0^1 x(t^2)\sqrt{t}dt=\int_0^1 x(u)\sqrt[4]{u}d\sqrt{u}=\frac{1}{2}\int_0^1\frac{x(u)}{\sqrt[4]{u}}du$$
$$\leqslant \frac{1}{2}\left(\int_0^1\frac{1}{\sqrt{u}}du\right)^{\frac{1}{2}}\left(\int_0^1|x(u)|^2du\right)^{\frac{1}{2}}=\frac{\sqrt{2}}{2}\|x\|$$

另一方面, 取 $x(u)=\dfrac{1}{\sqrt{2}\sqrt[4]{u}}$, 则

$$\|x\|=\left(\int_0^1|x(u)|^2du\right)^{\frac{1}{2}}=\left(\int_0^1\frac{1}{2\sqrt{u}}du\right)^{\frac{1}{2}}=1,$$

且 $f(x)=\dfrac{\sqrt{2}}{2}$, 所以 $\|f\|\geqslant\dfrac{\sqrt{2}}{2}$. 综上得 $\|f\|=\dfrac{\sqrt{2}}{2}$.

习题 2.4

2.4.1. 证明: 记 $A=[a_1,\cdots,a_n]$, 其中 $a_j\in\mathbb{R}^n(j=1,\cdots,n)$, 对任意 $x=(x_1,\cdots,x_n)^{\mathrm{T}}\neq 0$ 有

$$\|Ax\|_1=\|\sum_{j=1}^n x_ja_j\|_1\leqslant\sum_{j=1}^n|x_j|\|a_j\|_1\leqslant\max_{1\leqslant j\leqslant n}\|a_j\|_1\|x\|_1$$

因此

$$\|A\|_1\leqslant\max_{1\leqslant j\leqslant n}\|a_j\|_1$$

另一方面, 如果 $\max_{1\leqslant j\leqslant n}\|a_j\|_1=\|a_k\|_1$, 则由 $\|e_k\|_1=1$ 和

$$\|A\|_1\|e_k\|_1\geqslant\|Ae_k\|_1=\|a_k\|_1=\max_{1\leqslant j\leqslant n}\|a_j\|_1$$

知 $\|A\|_1\geqslant\max_{1\leqslant j\leqslant n}\|a_j\|_1$, 因此第一式成立.

同理可证第三式.

下面证明第二式. 对 n 阶矩阵 $A^{\mathrm{T}}A$, 存在 n 阶酉矩阵 U 使得

$$A^{\mathrm{T}}A=U\Lambda U^{\mathrm{T}}$$

其中 Λ 为对角矩阵, 其对角元为 $A^{\mathrm{T}}A$ 的特征根, 则

$$\|A\|_2^2=\max_{\|x\|_2=1}x^{\mathrm{T}}A^{\mathrm{T}}Ax=\max_{\|x\|_2=1}(U^{\mathrm{T}}x)^{\mathrm{T}}\Lambda U^{\mathrm{T}}x$$

$$= \max_{\|y\|_2=1} y^{\mathrm{T}}\Lambda y = \lambda_{\max}(A^{\mathrm{T}}A)$$

习题 3.1

3.1.1. 由 $\|x\| = \|y\| \Rightarrow (x,x) = (y,y)$, 由 X 是实内积空间知, $(x,y) = (y,x)$, 故

$$(x+y, x-y) = (x,x) + (y,x) - (x,y) - (y,y) = 0.$$

当 $X = \mathbb{R}^2$ 时, 表示若平行四边形的边相等, 则两对角线互相垂直, 当 X 是复内积空间时, 有 $\mathrm{Re}(x+y, x-y) = 0$.

3.1.2. 证明: (1) 由于

$$|\|x_n\| - \|x_0\|| \leqslant \|x_n - x_0\|$$

当 $n \to \infty$ 时, $x_n \to x_0$, 故 $|\|x_n\| - \|x_0\|| \to 0$, 所以 $\|x_n\| \to \|x_0\| (n \to \infty)$, 类似可证 $\|y_n\| \to \|y_0\| (n \to \infty)$.

(2) 首先

$$\begin{aligned}
&|(x_n, y_n) - (x_0, y_0)| \\
=& |(x_n, y_n) - (x_n, y_0) + (x_n, y_0) - (x_0, y_0)| \\
\leqslant& |(x_n, y_n - y_0)| + |(x_n - x_0, y_0)| \\
\leqslant& \|x_n\|\|y_n - y_0\| + \|x_n - x_0\|\|y_0\|
\end{aligned}$$

因为 $\|x_n\|$ 有界, 所以 $(x_n, y_n) \to (x_0, y_0)$.

(3) $\|(x_n + y_n) - (x_0 + y_0)\| \leqslant \|x_n - x_0\| + \|y_n - y_0\| \to 0$, 所以 $x_n + y_n \to x_0 + y_0 (n \to \infty)$.

(4) $\|\alpha_n x_n - \alpha x_0\| \leqslant |\alpha_n|\|x_n - x_0\| + |\alpha_n - \alpha|\|x_0\|$, 由 $\alpha_n \to \alpha$, 知 $|\alpha_n|$ 有界. 于是 $\|\alpha_n x_n - \alpha x_0\| \to 0$.

3.1.3. 证明: 由内积定义知, $\forall x, y \in C[a,b]$, 有 $(x,y) = (y,x), (x,x) = \displaystyle\int_a^b x^2(t)dt \geqslant 0$.

$$\begin{aligned}
(\alpha x + \beta y, z) &= \int_a^b (\alpha x(t) + \beta y(t)) z(t) dt \\
&= \int_a^b \alpha x(t) z(t) dt + \int_a^b \beta y(t) z(t) dt \\
&= \alpha(x, z) + \beta(y, z)
\end{aligned}$$

其中 $\alpha, \beta \in \mathbb{R}$, 且当 $x(t) \equiv 0, t \in [a,b]$ 时, 有 $\int_a^b x^2(t)dt = 0$, 反之, 当 $\int_a^b x^2(t)dt = 0$ 时, 也有 $x(t) \equiv 0, t \in [a,b]$.

所以, 题中定义内积满足内积的三个条件, 因此 $C[a,b]$ 构成一个内积空间.

习题 3.2

3.2.1. 证明: 利用 Hölder 不等式

$$\sum_{i=1}^{\infty} |\xi_i||\eta_i| \leqslant \left(\sum_{i=1}^{\infty} |\xi_i|^2\right)^{\frac{1}{2}} \left(\sum_{i=1}^{\infty} |\eta_i|^2\right)^{\frac{1}{2}}$$

和 Bessel 不等式, 可知

$$\sum_{j=1}^{\infty} |(x,e_j)(y,e_j)| \leqslant \left[\sum_{j=1}^{\infty} |(x,e_j)|^2\right]^{\frac{1}{2}} \left[\sum_{j=1}^{\infty} |(y,e_j)|^2\right]^{\frac{1}{2}} \leqslant \|x\|\|y\|.$$

3.2.2. 证明: (1) $\Rightarrow$ (2). 若 $\mathcal{E}$ 是 H 中的标准正交基, 则 $\forall x \in H$, 有

$$x = \sum_{j=1}^{\infty}(x,e_j)e_j = \lim_{n\to\infty}\sum_{j=1}^{n}(x,e_j)e_j$$

而 $\sum_{j=1}^{n}(x,e_j)e_j \in E$, 故 $x \in \overline{E} = E$, 从而 $E = H$.

(2) $\Rightarrow$ (3). 由 $H = E = \overline{\mathrm{span}\mathcal{E}}$, 即 $\mathrm{span}\mathcal{E}$ 在 H 上稠密, 所以 $\forall x \in H$, 存在

$$x_n = \sum_{j=1}^{n} \alpha_j e_j \in \mathrm{span}\mathcal{E}$$

使得 $x_n \to x(n \to \infty)$, 即 $x = \lim_{n\to\infty}\sum_{j=1}^{n}\alpha_j e_j = \sum_{j=1}^{\infty}\alpha_j e_j$. 由内积的连续性与 $\{e_j\}_{j=1}^{\infty}$ 的标准正交性, 得

$$(x,e_j) = \lim_{n\to\infty}\left(\sum_{j=1}^{n}\alpha_j e_j, e_j\right) = (\alpha_j e_j, e_j) = \alpha_j$$

故 $\mathcal{E}$ 是完备的标准正交系.

(3) $\Rightarrow$ (1). 若 $\mathcal{E}$ 是完备的标准正交系, 则 $\forall x \in H$, 有 $x = \sum_{j=1}^{\infty}(x,e_j)e_j$, 且若 $x \perp \mathcal{E}$, 必有 $(x,e_j) = 0, \forall j \in N$, 从而 $x = 0$, 所以 $\mathcal{E}$ 是标准正交基.

习题 3.3

3.3.1. 证明: (1) 因 $N^{\perp}=\{x|(x,y)=0,\forall y\in N,x\in H\}$, 而 $M\perp N,M\subset H$, 故 $\forall x\in M\Rightarrow x\in N^{\perp}$, 即 $M\subset N^{\perp}$.

(2)$\forall x\in N^{\perp},y\in N$, 有 $(x,y)=0$, 又由于 $M\subset N$ 知, $\forall y\in M$, 有 $(x,y)=0$, 所以 $x\in M^{\perp}$, 故 $N^{\perp}\subset M^{\perp}$.

3.3.2. 证明: 取 $\{y_n\}\subset M$, 且 $\lim_{n\to\infty}y_n=x$, 存在 $x_0\in M,x_1\perp M$, 使得 $x=x_0+x_1$. 需证明 $x_1=0$. 由 $(y_n,x_1)=0$, 故

$$0=\lim_{n\to\infty}(y_n,x_1)=(x,x_1)=(x_0+x_1,x_1)=(x_1,x_1)$$

故 $x_1=0$, 即 $x=x_0\in M$, 所以 M 是闭子空间.

3.3.3. 证明: 因为 M 是闭子空间, $x\in H$, 故有 $x_0\in M,x_1\perp M$, 使得 $x=x_0+x_1$, 由定理 3.9 知,

$$\min\{\|x-z\||z\in M\}=\|x_1\|$$

另一方面, $\forall y\in M^{\perp},\|y\|=1$, 有

$$|(x,y)|=|(x_0+x_1,y)|=|(x_1,y)|\leqslant\|x_1\|\|y\|=\|x_1\|$$

即 $\max\{|(x,y)||y\in M^{\perp},\|y\|=1\}\leqslant\|x_1\|$.

若取 $x_1=0$, 则 $\max\{|(x,y)||y\in M^{\perp},\|y\|=1\}=0=\|x_1\|$. 若 $x_1\neq 0$, 取 $y=\dfrac{x_1}{\|x_1\|}$, 则 $\|y\|=1,y\in M^{\perp}$, 且 $(x,y)=\left(x_0+x_1,\dfrac{x_1}{\|x_1\|}\right)=\|x_1\|$, 故

$$\max\{|(x,y)||y\in M^{\perp},\|y\|=1\}\geqslant\|x_1\|$$

于是有 $\max\{|(x,y)|\ |y\in M^{\perp},\|y\|=1\}=\|x_1\|=\min\{\|x-z\||z\in M\}$.

习题 3.4

3.4.1. 证明: 当 $Ax=x$ 时, 有 $(A^*x,x)=(x,A^*x)=\|x\|^2$, 故

$$\begin{aligned}\|A^*x-x\|^2&=\|A^*x\|^2+\|x\|^2-(A^*x,x)-(x,A^*x)\\&=\|A^*x\|^2-\|x\|^2\leqslant\|A^*\|^2\|x\|^2-\|x\|^2\\&=\|A\|^2\|x\|^2-\|x\|^2\leqslant 0\end{aligned}$$

即 $A^*x=x$. 因此 $\{x|Ax=x\}\subset\{x|A^*x=x\}\subset\{x|A^{**}x=x\}=\{x|Ax=x\}$, 从而 $\{x|Ax=x\}=\{x|A^*x=x\}$.

3.4.2. 证明: 由 A^{-1} 有界, 于是 $\forall x, y \in H$, 有

$$(x, y) = (A^{-1}Ax, y) = (Ax, (A^{-1})^*y) = (x, A^*(A^{-1})^*y)$$

另一方面,

$$(x, y) = (AA^{-1}x, y) = (A^{-1}x, A^*y) = (x, (A^{-1})^*A^*y)$$

从而 $A^*(A^{-1})^* = (A^{-1})^*A^* = I$, 即 $(A^*)^{-1} = (A^{-1})^*$.

3.4.3. 证明: 因为 $\|A_n^* - A^*\| = \|(A_n - A)^*\| = \|A_n - A\| \to 0, (n \to \infty)$, 所以有

$$\|A^* - A\| \leqslant \|A^* - A_n^*\| + \|A_n - A\| \to 0$$

故 $A = A^*$, 即 A 是自共轭算子.

3.4.4. 证明: $\forall x, y \in H$, 有

$$x = x_1 + x_2, \quad y = y_1 + y_2, \quad x_1, y_1 \in M, \quad x_2, y_2 \perp M^\perp$$

故 $x + y = (x_1 + y_1) + (x_2 + y_2), x_1 + y_1 \in M, x_2 + y_2 \in M^\perp$, 从而 $P(x + y) = x_1 + y_1 = Px + Py$. 同理, $P(\alpha x) = \alpha Px, \forall \alpha \in \mathbb{K}, x \in H$, 所以 P 是线性算子.

因为 $\forall x \in H, x = x_1 + x_2$, 有

$$\|Px\|^2 = \|x_1\|^2 \leqslant \|x_1\|^2 + \|x_2\|^2 = \|x\|^2$$

所以 $\|P\| \leqslant 1$.

取 $x_0 \in M$, 且 $\|x_0\| = 1$, 则 $\|Px_0\| = \|x_0\| = 1$. 又有 $\|P\| \geqslant 1$. 因此 $\|P\| = 1$.

3.4.5. 证明: $\forall x, y \in H$, 有

$$x = x_1 + x_2, \quad y = y_1 + y_2, \quad x_1, y_1 \in M, \quad x_2, y_2 \perp M^\perp$$

所以

$$(Px, y) = (x_1, y_1) = (x, Py)$$

故知 P 为自伴算子.

3.4.6. 证明: $\forall x \in H$, 有

$$x = x_1 + x_2, \quad x_1 \in M, \quad x_2 \in M^\perp$$

由 $Px = x_1 \in M$, 得 $P^2x = Px_1 = x_1 = Px$, 即 $P^2 = P$, 故 P 为幂等算子.

习题 4.1

4.1.1. 证明: 对于每一个 $f \in (\mathbb{R}^n)^*, \forall x = \sum_{i=1}^n x_i e_i \in \mathbb{R}^n$, 有

$$f(x) = f\left(\sum_{i=1}^n x_i e_i\right) = \sum_{i=1}^n x_i f(e_i) = \sum_{i=1}^n x_i \alpha_i,$$

其中 $\alpha_i = f(e_i)$, 令 $\alpha = \{\alpha_i\}_{i=1}^n$, 由 Cauchy-Schwarz 不等式有

$$|f(x)| = \sum_{i=1}^n |x_i \alpha_i| \leqslant \left(\sum_{i=1}^n x_i^2\right)^{\frac{1}{2}} \left(\sum_{i=1}^n \alpha_i^2\right)^{\frac{1}{2}} = \|x\|\|\alpha\|$$

故 $\|f\| \leqslant \|\alpha\|$.

取 $x = \{\alpha_1, \alpha_2, \cdots, \alpha_n\}$,Cauchy-Schwarz 不等式成为等式, 所以 $\|f\| = \|x\| = \|\alpha\|$. 因此 $f \to x = \{\alpha_1, \alpha_2, \cdots, \alpha_n\}$, 定义了从 $(\mathbb{R}^n)^*$ 到 $\mathbb{R}^n$ 上的保范映射, 由于它是线性的一一映射, 故是同构的.

4.1.2. 证明: $T^* : Y^* \to X^*, \forall \alpha_1, \alpha_2 \in K, \forall f_1, f_2 \in Y^*, \forall x \in X$

$$T^*(\alpha_1 f_1 + \alpha_2 f_2)(x) = (\alpha_1 f_1 + \alpha_2 f_2)(Tx)$$
$$= \alpha_1 f_1(Tx) + \alpha_2 f_2(Tx) = \alpha_1 T^* f_1 x + \alpha_2 T^* f_2 x$$

故 T^* 是线性的;

$\forall f \in Y^*, \forall x \in X$

$$|(T^* f)x| = |f(Tx)| \leqslant \|f\|\|Tx\| \leqslant \|f\|\|T\|\|x\|, \quad \|T^* f\| \leqslant \|f\|\|T\|$$

即 T^* 为有界线性算子且 $\|T^*\| \leqslant \|T\|$.

对 $\forall x \in X$, 若 $Tx \neq 0$, 由 Hahn-Banach 定理知, $\exists f \in Y^*$, s.t.$\|f\| = 1, f(Tx) = \|Tx\|$ 从而

$$\|Tx\| = f(Tx) = (T^* f)(x) \leqslant \|T^* f\| \|x\| \leqslant \|T^*\| \|f\|\|x\| = \|T^*\|\|x\|$$

故 $\|T^*\| \geqslant \|T\|$. 综上可知, $\|T^*\| = \|T\|$.

4.1.3. 证明: 取 l_1 中一组基 $\{e_n\}$, $\forall x \in l_1$, 则有 $x = \sum_{n=1}^\infty x_n e_n$, 而 $\forall f \in (l_1)^*$, 则有 $f(x) = \sum_{n=1}^\infty x_n f(e_n)$, 因此

$$|f(e_n)| \leqslant \|f\| \|e_n\| = \|f\|$$

令 $a_n = f(e_n), a = \{a_n\}_{n=1}^\infty$, 故 $\|a\| \leqslant \|f\|$. 此外,

$$|f(x)|=\sum_{n=1}^{\infty}|a_n|\,|x_n|\leqslant\sup_n|a_n|\sum_{n=1}^{\infty}|x_n|=\|a\|\|x\|$$

故 $\|a\|\geqslant\|f\|$, 所以 $\|a\|=\|f\|$. 因此存在 $(l_1)^*$ 到 l^∞ 的保范映射, 且是线性的一一映射, 故是同构的. 故 $(l_1)^*=l^\infty$.

4.1.4. 证明: 对于 $\forall x\in X, g\in Y^*$, 有

$$|(T_n^*-T^*)\,g(x)|=|g\,(T_n(x))-g(T(x))|\leqslant\|T_n-T\|\,\|g\|\|x\|$$

习题 4.2

4.2.1. 证明: 若 $\{x_n\}\subset D(T)$, 并且 $x_n\to x$, $\quad Tx_n=\dfrac{dx_n}{dt}=x_n'\to y$, $\forall t\in[0,1]$, 则有

$$\begin{aligned}\int_0^t y(s)ds&=\int_0^t\lim_{n\to\infty}x_n'(s)ds=\lim_{n\to\infty}\int_0^t x_n'(s)ds\\&=\lim_{n\to\infty}(x_n(t)-x_n(0))=x(t)-x(0)\end{aligned}$$

即 $x(t)=x(0)+\displaystyle\int_0^t y(s)ds$. 所以 $x\in D(T)$ 且 $x'=y$. 即 T 是闭线性算子.

4.2.2. 证明: 作算子 $T:X\to X_1, Tx=x_1$, 其中 $x=x_1+x_2, x_1\in X_1, x_2\in X_2$. 由题设知分解是唯一的, 所以 T 是确定的. 易知 T 是线性的.

设 $x_n\to x\in X, Tx_n=x_1^{(n)}\to x_1\in X_1$, 则有 $x=x_1+x_2, x_n-x_1^{(n)}\in X_2, x_n-x_1^{(n)}\to x-x_1\in X_2$, 从而 $Tx=x_1$, 故 T 为闭算子. 因为 $D(T)=X$, 所以由闭图像定理知, T 为有界算子.

从而 $\|x_1\|=\|Tx\|\leqslant\|T\|\|x\|$, 又 $\|x_2\|\leqslant\|x\|+\|x_1\|\leqslant(\|T\|+1)\|x\|$, 取 $M=\|T\|+1$ 即可.

4.2.3. 证明: 先证 T_2 是有界线性算子, 设 $f_n, f\in X^*$, 使得 $\|f_n-f\|\to 0, \|T_2f_n-g\|\to 0$, $\forall x\in X$, 有 $(T_2f_n)(x)=f_n(T_1(x))\to f(T_1(x))=(T_2f)(x)$, $(T_2f_n)(x)\to g(x)$, 所以 $T_2f=g$, 于是 T_2 是闭算子. 根据闭图像定理, T_2 是有界线性算子.

再证 T_1 是有界线性算子, 因为 $\forall x\in X$, 由 Hahn-Banach 定理, 可取 $f\in X^*, \|f\|=1$, 使得 $f(T_1x)=\|T_1x\|$. 于是 $\|T_1x\|=f(T_1x)=(T_2f)(x)\leqslant\|T_2f\|\,\|x\|\leqslant\|T_2\|\,\|f\|\|x\|=\|T_2\|\|x\|$, 所以 T_1 是有界线性算子.

习题 4.3

4.3.1. 证明: 因为 $\|e_n\|=1, \{e_n\}$ 不强收敛于 0. 又因 $(l^2)^*=l^2$, 即 $\forall f\in X^*$, 存在 $\xi=(\xi_1,\xi_2,\cdots,\xi_n,\cdots)\in l^2$, 使得

$$f(x)=\sum_{n=1}^{\infty}x_n\xi_n,\quad x=(x_1,x_2,\cdots,x_n,\cdots)\in l^2$$

于是 $f(e_n)=\xi_n\to 0,(n\to\infty)$, 即 $e_n\xrightarrow{w}0$.

4.3.2. 证明: $\forall T_1\in Y^*$, 令 $f(x)=T_1(Tx),x\in X$, 则 f 是线性的. 因 $T_1\in Y^*$, 且 T 有界, 有

$$|f(x)|=|T_1(Tx)|\leqslant\|T_1\|\,\|Tx\|\leqslant\|T_1\|\|T\|\|x\|$$

所以 $f\in X^*$. 又因为 $x_n\xrightarrow{w}x_0\Rightarrow f(x_n)\to f(x_0)$, 即 $T_1(Tx_n)\to T_1(Tx_0)$, 因 T_1 是任意的, 所以 $Tx_n\xrightarrow{w}Tx_0$.

4.3.3. 证明: 必要性. 设 $T_n\to T$ 且 $\|x\|=1$, 由 $\|T_nx-Tx\|\leqslant\|T_n-T\|\,\|x\|=\|T_n-T\|\to 0$ 知 , $\forall\varepsilon>0,\exists N(\varepsilon)$, 当 $n>N(\varepsilon)$ 时, 对所有的 $x\in X$ 且 $\|x\|=1$, 有 $\|T_nx-Tx\|<\varepsilon$.

充分性. 由题中条件可知 $|T_ny-Ty|<\varepsilon(n>N(\varepsilon),\|y\|=1)$. 对任意固定的非零元 x, 设 $y=\dfrac{x}{\|x\|}$, 有 $\|T_nx-Tx\|=\|T_ny-Ty\|\,\|x\|<\varepsilon\|x\|$, 从而对所有的 $n>N(\varepsilon)$, 都有 $\|T_n-T\|\leqslant\varepsilon$.

4.3.4. 证明: 用反证法. 若 $x_0\notin E$, 由题设知, $d=\rho(x_0,E)>0$. 根据 Hahn-Banach 定理, 必可取 $f\in X^*$, 使得 $f(x_0)=d,f(x)=0,x\in E$, 于是 $f(x_n)=0$. 但是 $x_n\xrightarrow{w}x_0$, 故 $f(x_0)=\lim_{n\to\infty}f(x_n)=0$, 矛盾, 因此 $x_0\in E$.

4.3.5. 证明: 设 $\{x_n\}$ 是弱 Cauchy 列, 令 $g_n\in X^{**}$, 使得 $g_n(f)=f(x_n)$. 因 $\{f(x_n)\}$ 是 Cauchy 列, 所以有界. 即 $\exists M,|f(x_n)|=|g_n(f)|\leqslant M$. 由 X^* 是完备的, 则由一致有界性定理可得 $\|x_n\|=\|g_n\|\leqslant M$.

4.3.6. 证明: 设 $\{x_n\}$ 是 X 中的任意弱 Cauchy 序列, 则 $\forall f\in X^*,\{f(x_n)\}$ 均收敛, 对于 $x_n\in X$, 存在 $g_n\in X^{**}$, 使得 $g_n(f)=f(x_n)$, 所以 $\{g_n(f)\}$ 也收敛, 即 $g_n(f)\to g(f)$. 由 4.3.5 题知, $\{x_n\}$ 有界, 且 $\|g_n\|=\|x_n\|$, 于是 $\|g(f)\|\leqslant\|g(f)-g_n(f)\|+\|g_n(f)\|\leqslant\varepsilon+c\|f\|$.

取 $\varepsilon=\|f\|$, 当 $n>N$ 时, 有 $\|g(f)\|\leqslant(1+c)\|f\|$, 从而 g 有界. 由定义 $g(f)=\lim_{n\to\infty}g_n(f)$, 知 g 是线性的, 从而 $g\in X^{**}$. 由于 X 是自反的, 必存在 $x\in X$, 使得 $\forall f\in X^*$, 有 $g(f)=f(x)$. 所以 $f(x_n)\to f(x)$, 即 $x_n\xrightarrow{w}x$. 由 $\{x_n\}$ 的任意性知, X 是弱完备的.

索　引